suhrkamp taschenbuch 139

Hannes Alfvén ist Professor für Plasmaphysik an der Königlichen Technischen Hochschule in Stockholm und hat einen Lehrauftrag an der University of California. Promotion 1934 an der Universität Uppsala. Seine Hauptarbeitsgebiete sind Hydromagnetismus und Plasmaphysik. Mitglied u. a. der American National Academy of Sciences, der American Academy of Arts and Sciences und der sowjetischen Akademia Nauk. 1970 wurde ihm für seine Forschungen auf dem Gebiete des Hydromagnetismus der Nobelpreis für Physik verliehen.

Protonen und Neutronen bilden Atomkerne, Atomkerne und Elektronen bilden Atome, Atome bilden Moleküle, Moleküle bilden Zellen, Zellen bilden Pflanzen, Tiere und Menschen, Pflanzen, Tiere und Menschen bilden Gesellschaften: das ist die lange Kette der Komplikationen, die der schwedische Physiker und Nobelpreisträger in dem vorliegenden Buch vor Augen führt. Ist diese Kette abgeschlossen oder werden im Laufe der Zeit neue Glieder angefügt? Ist der Computer der letzten möglichen Generation vielleicht ein solches Glied?

Die Frühgeschichte des Universums, die Ausbildung der Planeten und ihrer Satelliten, die Entstehung des Menschen auf unserer Erde führt zwangsläufig zu der Frage nach Leben in fernen Welten. Alfvéns Antworten auf solche Fragen sind fern jeder Spekulation und utopischen Vorstellung, er entscheidet sich allein auf der Basis der vorliegenden wissenschaftlichen Erkenntnis.

Der Leser, gerade jener Leser mit wenigen oder gar keinen Kenntnissen in den Naturwissenschaften, findet hier eine ausgezeichnete und fundierte erste Einführung in Entwicklung, Probleme und Argumentation naturwissenschaftlichen Denkens.

Hannes Alfvén
Atome, Mensch und Universum

Die lange Kette der Komplikationen

Suhrkamp

Aus dem Amerikanischen von Jens Peter Kaufmann
Originaltitel: *Atomen, Människan, Universum*

suhrkamp taschenbuch 139
Erste Auflage 1973
 Druck: Ebner, Ulm. Printed in Germany. Umschlag nach Entwürfen von Willy Fleckhaus und Rolf Staudt.

Inhalt

Willst Du den Funken Deiner Existenz an das Geheimnis geben, dann, beeil Dich, Freund, vielleicht trennt nur ein Haar den Schein vom Wahren. Und – ich beschwör' Dich – woran hängt das Leben?

Das Rubaiyat von Omar Khayyam

1 Die Methoden der Naturwissenschaft

Der Mensch hat den tief verwurzelten Drang, sich zu der Welt, in der er lebt, in Beziehung zu setzen. Er fragt nicht nur, wie die Welt aufgebaut ist, wie sie geschaffen wurde und was aus ihr werden wird – er will besonders wissen, wo sein eigener Platz in dem großen Weltplan ist. Vom Beginn der Menschheitsgeschichte an hat er versucht, diese Fragen zu beantworten, aber da er bei der Schöpfung nicht dabei war, nicht in die Zukunft sehen kann und noch nicht den äußeren Weltraum erobert hat, war sein gesamtes Wissen von der Welt, oder besser: sein scheinbares Bild der Welt, auf Spekulation angewiesen – Spekulation, die sich notwendigerweise auf Beobachtung stützte.

Die ersten und einfachsten Vorstellungen des Menschen von der Welt entstanden aus zufälligen Beobachtungen seiner unmittelbaren Umgebung. Diese wurden mehr oder weniger willkürlich zu einem oft komplizierten Phantasiegebilde verwoben. So finden wir zum Beispiel die uns vertrauteste Schilderung vom Ursprung der Erde und des Menschen im ersten Buch Mose. Zu der Zeit, da es geschrieben wurde, war in dem Gebiet, wo es entstand, diese Version offenbar die vorherrschende, und man nahm sie in das Buch auf. Da die Bibel immer noch eine starke religiöse und kulturelle Bedeutung hat, spielt auch ihr Weltbild heute noch eine Rolle, wenngleich unser erweitertes Wissen dieses Weltbild schon seit langem als nicht mehr vertretbar erscheinen läßt. Das systematische Sammeln und Auswerten von Beobachtungen, das wir als Naturwissenschaft bezeichnen, hat uns mit einer Grundlage für unsere theoretische Deutung der Welt versehen, die vollständig anders ist als die vor einigen tausend Jahren. In diesem Buch wollen wir jene Ergebnisse der Naturwissenschaft behandeln, die in bezug auf diese Grundlage am wichtigsten sind.

Zunächst werden wir jedoch untersuchen, mit welchen Methoden die Naturwissenschaft arbeitet und welche Ziele sie sich setzt.

Die große industrielle Revolution, die in der westlichen Welt während des neunzehnten Jahrhunderts einsetzte, ist zum überwiegenden Teil eine Folge der Naturwissenschaften. Die Lehre von der Elektrizität hat uns elektrisches Licht, Elektromotoren, Telefon, Radio und Fernsehen beschert. Die Chemie hat eine Vielfalt neuer Materialien geschaffen. Die Biologie hat z. B. Fortschritte in der Medizin oder eine Verbesserung des Saatguts erreicht. Die Ergebnisse der Wissenschaft sind allerdings auch dazu benutzt worden, immer schrecklichere Mittel der Zerstörung zu erfinden. All dies hat viele Menschen zu der Überzeugung geführt, daß der Zweck der Naturwissenschaft hauptsächlich der technische Fortschritt sei, daß es also etwa die Aufgabe der Wissenschaft sein sollte, bessere Fernsehgeräte, haltbarere Nylonstrümpfe und wirksamere Atombomben herzustellen.

Dies ist eine Verkennung der Tatsachen. Das Ziel der Naturwissenschaften besteht zuerst und vor allem darin, die menschliche Neugier zu befriedigen, ein wahrheitsgetreues Bild der Welt um uns herum zu gewinnen und Ordnung in das Chaos der Erfahrungen und Beobachtungen zu bringen. Was wir über die Natur herausfinden, gibt uns selbstverständlich die Möglichkeit der Anwendung und Beherrschung von Natur, aber dies ist nicht das primäre Ziel der Wissenschaft. Zum Beispiel waren die Voraussetzungen für die Erfindung des Radios die Kenntnis der Gesetze des Elektromagnetismus, die Entdeckung der Radiowellen und die Kenntnis, wie sich die Eigenschaften des Elektrons in Röhren und Transistoren auswirken werden. Maxwell entwickelte die Gesetze des Elektromagnetismus freilich nicht mit dem Gedanken an ihre praktische Anwendung, und weder Hertz, der die Radiowellen fand, noch Thomson, der das Elektron entdeckte, dachten im Traume an das, was ihr Werk eines Tages ermöglichen würde. Ein anderes Beispiel betrifft die Kernphysik, in der man in den Jahren zwischen den beiden Weltkriegen große Fortschritte machte. Obgleich gerade diese Fortschritte die nötigen wissenschaftlichen Voraussetzungen für die Atombombe schufen, dachte keiner von denen, die die Forschungsarbeiten durchführten, an ein solches Ergebnis. Erst als der Sturm des Zweiten Weltkrieges hereinbrach, begannen sie zögernd, ihr Wissen in den Dienst der Kriegstechnik zu stellen.

Die Umwandlung von Naturwissenschaft in Technologie war das Resultat erfinderischer Aktivität und, in noch größerem Maße, ihrer Systematisierung: der angewandten Forschung. Trotz der zugegebenermaßen »praktischen« Bedeutung der angewandten Forschung werden wir das Folgende ausschließlich der »unpraktischen« Seite der Wissenschaft widmen.

Der große Umfang wissenschaftlicher Arbeit hat eine radikale Spezialisierung nötig gemacht; ein Chemiker, ein Astronom oder ein Botaniker versteht nicht viel vom Fachgebiet des anderen. Der Spezialisierung wird jedoch in gewissem Grade entgegengewirkt durch ein wachsendes Interesse an den fruchtbaren Grenzgebieten zwischen den verschiedenen Wissenschaften, die sich in letzter Zeit eröffnet haben. So schlossen sich Astronomie und Physik zur Astrophysik zusammen. Seit die Physiker die Beziehungen entdeckten, die zwischen dem von einer Lichtquelle erzeugten Spektrum und den Eigenschaften der Lichtquelle bestehen, waren Astronomen imstande, sehr wichtige Schlüsse über den Aufbau der Sterne zu ziehen, indem sie die Spektren des Sternlichtes analysierten. In ähnlicher Weise hat die Verbindung von Physik und Chemie die physikalische Chemie entstehen lassen, und die Anwendung der Chemie auf biologische Probleme hat das äußerst ergiebige Forschungsgebiet der Biochemie eröffnet.

Aber selbst innerhalb jeder einzelnen wissenschaftlichen Disziplin hat sich eine Spezialisierung ergeben, aus der Notwendigkeit, viele verschiedene Methoden auf eine einzige Sache anwenden zu müssen. Diese Spezialisierung hat drei verschiedene Typen von Wissenschaftlern hervorgebracht.

Die Wissenschaftler der ersten Gruppe sammeln Material, Proben der Natur, und ordnen es nach einem System. Sie untersu-

chen Blumen, Vögel, Insekten oder Steine, um sie zu katalogisieren; sie analysieren und synthetisieren bekannte und unbekannte chemische Verbindungen; sie zählen Sterne und klassifizieren sie, oder sie führen Präzisionsmessungen an Spektrallinien durch und berechnen die Energiezustände von Atomen. Sie bilden jene Gruppe, die für das traditionelle Bild vom Wissenschaftler verantwortlich ist: dem eines unglaublich emsigen, präzisen, in seiner Arbeit aufgehenden und daher völlig in sich gekehrten Menschen. Diese Gruppe schafft die solide Grundlage, die unverzichtbare Basis aller Wissenschaften.
Die Wissenschaftler der zweiten Gruppe könnte man als die Ingenieure der Wissenschaft charakterisieren. Ihre Aufgabe ist es, die immer komplizierteren Instrumente zu erfinden und zu konstruieren, die von der Wissenschaft benötigt werden. Sie sind rekordbesessene Menschen. Für sie wird der wissenschaftliche Forschritt beispielsweise durch den höchsten Druck oder die höchste Temperatur gemessen, die erzielt wurden, durch das Auflösungsvermögen des modernsten Riesenteleskops oder durch die Teilchenenergie, die in dem allerneuesten Beschleuniger erreicht wird. Sie sind es, die die Grenzen der Wissenschaft immer weiter stecken und es möglich machen, immer entferntere Sternsysteme oder Teilchen mit immer kürzeren Lebensdauern zu studieren. Sie schicken Satelliten in den Raum und entwerfen Raumschiffe. Da ihre Tätigkeit äußerst kostspielig ist, müssen Mittel bereitgestellt werden, und wenn die Arbeit nützlich für die Wissenschaft sein soll, müssen die ausgewählten Projekte wirklich wichtig sein. Da zur Beschaffung von Kapital Werbung sehr nötig ist, hat von den drei Typen von Wissenschaftlern dieser in der Öffentlichkeit die größte Bedeutung erlangt. Natürlich wird seine Popularität durch die Tatsache gefördert, daß viele Menschen viel leichter durch das größte, majestätischste und am schönsten gebaute Teleskop beeindruckt werden als durch die schwerbegreiflichen Eigenschaften unscheinbarer Sterne, die zu untersuchen das Teleskop gebaut wurde.
Die Theoretiker bilden die dritte Gruppe. Ihre Funktion ist es,

die von den ersten beiden Gruppen erhaltenen Ergebnisse weiter zu behandeln und möglichst klar und präzise zu formulieren, mit anderen Worten: eine Theorie aufzustellen. Für sie besteht das Ziel der Wissenschaft darin, so viele Erfahrungen wie möglich auf einen einheitlichen Nenner zu bringen und schließlich zu zeigen, daß sogar die verschiedenartigsten Ereignisse prinzipiell von gleicher Natur und nur verschiedene Aspekte eines fundamentalen Phänomens sein können. Obgleich die Namen der großen Theoretiker gut bekannt sind, versteht nicht jeder ihre Arbeitsweise. Manche ihrer Arbeiten sind mit den Werken von Künstlern zu vergleichen; denn sowohl Künstler wie Wissenschaftler trennen das Wesentliche von der verwirrenden Vielfalt der Sinneseindrücke und stellen dies in einer möglichst konzentrierten und eleganten Form dar. Wie der Maler seine Gedanken und Erfahrungen in Farben ausdrückt, der Bildhauer in Ton und der Komponist in Noten, so benutzen die, welche die Kunst der Wissenschaft ausüben, Formeln und Gesetze mit einem hohen Grad an Schönheit – wie alles von großer Schönheit ist, was ein Konzentrat der Welt, in der wir leben, darstellt. Das höchste Lob, das ein Theoretiker bekommen kann, wenn er einem Kollegen eine neue Formel zeigt, ist der enthusiastische Ruf »Sehr schön!« Tatsächlich unterscheidet sich die Schönheit einer Formel nicht mehr von der Schönheit der Musik als diese sich von der Schönheit der Malerei. Es ist wahr, daß die Vorstellung von Wissenschaft als Kunst eine sehr exklusive Erfahrung ist, in deren Genuß man erst nach vielen langen Jahren des Studierens gelangt, aber eine korrekte Interpretation einer atonalen Symphonie oder eines kubistischen Gemäldes bedarf ebenso einer gewissen Vorbereitung. Die Griechen ordneten die Astronomie unter die schönen Künste ein; ihre Muse war Urania. Die anderen Naturwissenschaften waren nicht mit inbegriffen, weil es sie damals, als die neun berühmten Töchter der Mnemosyne geboren wurden, noch nicht gab.

Obgleich einleuchtet, daß es unmöglich ist, eine so vielfältige und schillernde Tätigkeit wie die des Wissenschaftlers in einem kurzen Absatz zu beschreiben, können wir vielleicht doch sagen, daß wissenschaftliche Arbeit in folgender Weise vor sich geht: Jedesmal, wenn Untersuchungen auf einem Gebiete der Forschung beginnen, versucht man schnell herauszufinden, welche Gesetze in diesem Bereich voraussichtlich anwendbar sein werden. Dies geschieht immer, gleich, ob das Gebiet schon seit langer Zeit bekannt ist oder ob es erst durch eine Reihe neuer Entdeckungen ins Leben gerufen wurde. Danach werden Hypothesen vorgeschlagen, die schrittweise zu wenigstens teilweise ausgearbeiteten Theorien entwickelt werden. Theorien sollen alle gefundenen Tatsachen zusammenfassen und außerdem Ergebnisse neuer Versuche vorhersagen. Wenn die Voraussagen sich im Laufe der Zeit als wahr erweisen, ist eine Theorie »bestätigt«; wird sie es nicht, so muß sie durch eine andere Theorie ersetzt werden. Nicht selten ist es möglich, zwei benachbarte Gebiete durch eine gemeinsame Theorie zu erfassen, und es ist daher wünschenswert, Theorien so zu verallgemeinern, daß sie alle Ergebnisse eines möglichst großen Feldes zusammenfassen.

Die Summe der Erfahrungen, die einer Theorie zugrunde liegen, muß in einer Weise formuliert werden, die oft zwar abstrakt, aber immer äußerst knapp und bündig sein muß. Die Wissenschaft braucht daher eine Sprache, die die konzentrierte und logische Formulierung möglich macht. Eine solche Sprache ist die Mathematik. Mathematische Formeln erleichtern wesentlich die exakte Formulierung einer Theorie; mit Hilfe mathematischer Methoden kann man den Inhalt einer Theorie analysieren und Folgerungen aus ihr ableiten. Es ist oft behauptet worden, daß der Mensch ohne eine Sprache nicht logisch denken könnte. Mag dies wahr sein oder nicht – auf jeden Fall erleichtert die Sprache sehr stark ein organisiertes Denken. Für die Formulierung wissenschaftlicher Gedanken ist die Sprache der Mathematik eine besonders große Hilfe. Der »mathematische Apparat« – so nennt man das System der Formeln und arithmetischen Gesetze, das die Mathematiker der Naturwissenschaft zur Verfügung gestellt haben – ist für die

Vereinheitlichung komplizierter Beweisführungen und Schlußfolgerungen unentbehrlich geworden.

Man könnte zwar alle Theorien auch in der gewöhnlichen Sprache formulieren, den meisten von ihnen würde dann jedoch jene Schärfe und Eleganz fehlen, die die Mathematik ermöglicht. Man benötigt unter Umständen ein ganzes Buch, um in Worten auszudrücken, was in einer halben Zeile von Formeln enthalten ist. Die Übersetzung einer mathematischen Formel in eine Sprache mit Wörtern und Sätzen ist sicherlich schwieriger als die Übersetzung chinesischer Dichtkunst, und stets geht dabei die Schönheit bestimmter Formeln verloren.

Man hört oft die Behauptung, daß eine Theorie »mathematisch bewiesen« sei. Dieser Ausdruck ist irreführend. Er entspricht etwa der Behauptung, mathematisch beweisen zu können, daß Gras grün ist. Eine Theorie entsteht als Ergebnis von Beobachtungen, und ihre Gültigkeit oder auch ihre Nichtgültigkeit kann nur geprüft werden, wenn man sie oder ihre Folgerungen mit den Beobachtungen vergleicht. Die Mathematik leistet unschätzbare Dienste, weil sie es möglich macht, alle Folgerungen aus einer Theorie klar und eindeutig darzustellen, aber die endgültigen »Beweise« der Genauigkeit einer Theorie können nur durch Beobachtungen geliefert werden.

Besprechen wir als Beispiel für das Vorgehen der Naturwissenschaft einige Entwicklungen aus der Geschichte der Physik. Obgleich eine Anzahl wichtiger Naturgesetze von Philosophen des Mittelmeerraumes, Indiens und Chinas entdeckt wurden, betrachten viele doch als Geburtsstunde der modernen Physik Galileis Entdeckung der Gesetze, denen die Bewegung eines fallenden Körpers gehorcht. Von vielleicht noch größerer Bedeutung als die Formulierung dieser Gesetze waren die neuen Grundlagen wissenschaftlichen Denkens, die dabei benutzt wurden. Das wichtigste Ziel bestand für Galilei nicht darin, herauszufinden, *warum* ein Stein fiel, sondern *wie* er fiel, welche Gesetze das Wachsen seiner Geschwindigkeit erklären konnten und die Beziehung zwischen der Fallhöhe eines Körpers und der Dauer seines Falls beschrieben. Mit anderen Worten: Galilei fand heraus, daß es nicht wichtig war, die »letzte Ursache« eines Ereignisses zu bestimmen. Er beschränkte sich darauf, den Vorgang als solchen zu studieren. Als ein Ergebnis dieser Unterscheidung entstand die Trennung zwischen Metaphysik und Physik, und sie besteht bis heute. Daher liegt die Aufgabe der Physik wie auch die der anderen Naturwissenschaften in der Beschreibung und Koordination von Ereignissen und nicht in ihrer »Erklärung«. Die Wissenschaft versucht, möglichst viele und unterschiedliche Phänomene zueinander in Beziehung zu bringen, um schließlich zu zeigen, daß sie alle nur verschiedene Aspekte ein und derselben Sache sind; dies bedeutet jedoch nicht genau das gleiche wie ein »Verstehen« dieser Phänomene.

Die Astronomie entwickelte sich sehr ähnlich wie Galileis Mechanik. Nach Einführung des Kopernikanischen Systems konnte Kepler seine berühmten Gesetze über die Bewegung der Planeten formulieren, in denen er eine sehr große Zahl am Himmel beobachteter Planetenpositionen zusammenfaßte. Bei seinen Ableitungen verließ er sich so blindlings auf Tycho Brahes für die damalige Zeit außerordentlich präzise Messungen der Planetenörter, daß man die Keplerschen Gesetze als das Ergebnis all der Messungen ansehen kann, die von Tycho in den klaren Nächten vieler Jahre gemacht worden waren.

Die Astronomie und die Wissenschaft von den fallenden Körpern – bis dahin getrennte Gebiete – wurden dann von Newton miteinander kombiniert. Er zeigte, daß Galileis Gesetz der Fallbewegung und die Planetengesetze als Sonderfälle viel allgemeinerer Gesetze angesehen werden können, die auf die Bewegung aller Körper anwendbar sind: auf einen Stein, der vom Turme fällt, auf einen Meteoriten, der auf die Erde zusteuert, und auf die Planeten, die sich am Himmel bewegen. Newtons große Synthese, heute gewöhnlich als *klassische Mechanik* bezeichnet, wurde während des achtzehnten Jahrhunderts noch erweitert und vertieft. Sie erfaßte zum erstenmal ein weites Gebiet, in dem mit einem einzigen Grundgesetz alle Erscheinungen im einzelnen berechnet werden konnten. Durch Anwendung dieses Gesetzes (das in mathematischen Symbolen eine halbe Zeile ausmacht) können wir die Bewegungen des Mondes und der Planeten am Himmel bestimmen, können den Ort berechnen, auf dem ein abgefeuertes Geschoß landen wird, die Höhe und Größe der Wellen, die ein Dampfer hervorruft, Tonhöhe und Lautstärke einer Flöte oder das maximale Ladegewicht eines Flugzeugs. Der entscheidende Prüfstein der klassischen Mechanik war daher der tatsächliche Beweis, daß all diese weit voneinander getrennten Erscheinungen wirklich nur ungleiche Aspekte derselben Sache sind.

Die Lehre von der Elektrizität (Elektrodynamik) begann zunächst ebenfalls mit zwei getrennten Wissenschaften. Die Elektrostatik einerseits behandelte solche Erscheinungen, die auftraten, wenn man ein Stück Bernstein oder einen Glasstab durch Reiben elektrisch auflud; die Magnetostatik andererseits untersuchte Magnete und magnetische Felder. Als Galvani und Volta gezeigt hatten, daß man Elektrizität mit Hilfe chemischer Elemente herstellen konnte, und Örsted bald darauf herausfand, daß der auf diese Weise erzeugte elektrische Strom magnetische Felder aufbaute, wurden beide Gebiete verbunden. Der Begründer der Elektrodynamik war Maxwell, dessen berühmte Gleichungen zu seiner Zeit dieses ausgedehnte Gebiet vollständig beschrieben. Doch nicht das allein. Als Maxwell die Folgerungen aus seinen Gleichungen untersuchte, fand er unter anderem, daß sie eine elektromagnetische Wellenbewegung vorhersagten, und Hertz fand bei dem Versuch, Maxwells Vorhersagen zu bestätigen, tatsächlich solche Wellen, die Radiowellen. Nachdem gezeigt war, daß auch das Licht eine elektrische Wellenbewegung darstellt, wurde die Optik, die Wissenschaft vom Licht, ein Zweig der Elektrodynamik. Aus dem Studium der Optik haben wir gelernt, daß so verschiedene Effekte wie die Brechung des Lichtes in einer Linse oder seine Reflexion an einem Spiegel und das Funktionieren eines Elektromotors oder eines Fernsehapparates durch ein und dasselbe Naturgesetz erklärt werden können: die Maxwellschen Gleichungen.

Klassische Mechanik und Elektrodynamik waren gegen Ende des neunzehnten Jahrhunderts im wesentlichen abgeschlossene Gebiete. Mit Beginn des zwanzigsten Jahrhunderts begann für die Physik jedoch eine verwirrende Periode. Neue Entdeckungen ermöglichten es, atomare Strukturen zu untersuchen, und bald wurde deutlich, daß Geschehnisse, die sich in der Mikrowelt des Atoms abspielen, nicht den gleichen Gesetzen gehorchen, die man bis dahin auf alle untersuchten Phänomene angewandt hatte. Die Bewegungen der Elektronen, die den winzigen, aber schweren Kern umkreisen, gehorchten nicht den Gesetzen der klassischen Mechanik. Die in den zwanziger Jahren entwickelte Quantenmechanik (oder Wellenmechanik) lieferte die Antworten auf unsere Fragen über die Elektronen. Infolgedessen sind wir heute gut über die Struktur des Atoms außerhalb des Kerns informiert.
Die Quantenmechanik kann als Verallgemeinerung der klassischen Mechanik betrachtet werden, oder umgekehrt kann man die klassische Mechanik als einen Sonderfall der Quantenmechanik ansehen. Sobald wir es mit so extrem »kleinen Einheiten« wie den Strukturen der Atome zu tun bekommen, müssen wir die Quantenmechanik anwenden; für die Berechnung der Bewegungen größerer Körper gibt die Quantenmechanik dennoch immer das gleiche Ergebnis wie die klassische Mechanik.
Die Arbeit des Wissenschaftlers sieht also so aus: Er sucht zunächst Gesetze, die innerhalb eines gewissen Gebietes anwendbar sind, und wenn er sie gefunden hat, versucht er, sie auf neue Gebiete zu übertragen. Gelegentlich können die Gesetze ohne Änderung übernommen werden, wie es zum Beispiel bei der Anwendung der Maxwellschen elektromagnetischen Gesetze auf die Erscheinungsformen des Lichtes der Fall war. In anderen Fällen müssen die Gesetze weiter verallgemeinert werden, wenn man zwei Grenzgebiete miteinander verquicken will; das geschah mit dem Gebiet der Mechanik, als es mit der Atomphysik vereinigt wurde. Man kann sagen, daß es das endliche Ziel der Naturwissenschaft ist, ein einziges Gesetz oder eine einzige Formel zu entdecken, die alle Erfahrungen und Beob-

achtungen erklären kann. Wir wissen nicht, wie lange wir arbeiten müssen, bis dieses Ziel erreicht ist: sicherlich eine sehr lange Zeit. Wir sind jedoch schon ein gutes Stück Weges gegangen. In bestimmten großen und sehr wichtigen Bereichen, z. B. der Elektrizitätslehre, wird das deutlich. Sie vereinigt alle bekannten Erscheinungen in einem einzigen Gesetz.
Nehmen wir einmal an, wir würden das »allumfassende Gesetz« der Natur finden, nach dem wir suchen, so daß wir schließlich voller Stolz versichern könnten: So und nicht anders ist die Welt aufgebaut – sofort entstünde eine neue Frage: Was steht hinter diesem Gesetz, *warum* ist die Welt gerade so aufgebaut? Dieses Warum führt uns über die Grenzen der Naturwissenschaft in den Bereich der Metaphysik oder der Religion. Als Fachmann sollte ein Physiker mit einem *ignorabimus* antworten: Wir wissen es nicht, wir werden es niemals wissen. Andere würden sagen, daß Gott dieses Gesetz aufstellte, als er das Universum schuf. Ein Pantheist wird vielleicht sagen, daß das allumfassende Gesetz eben Gott sei. Wir werden nicht zu entscheiden versuchen, welche Antwort am meisten befriedigt; denn dieses Problem liegt außerhalb der Naturwissenschaften. Wenn seine Lösung für ein Gesamtwissen unserer Welt von Bedeutung ist –, und manch einer wird sagen, daß sie von größter Bedeutung ist –, dann müssen wir antworten, daß die Naturwissenschaften nicht imstande sind, dieses Gesamtwissen zu liefern, sondern nur die Tatsachen, auf denen man es aufbauen kann.
Wie schon erwähnt, wird es lange Zeit dauern, bevor wir solch ein Grundgesetz der Natur finden werden. Die modernen Riesenbeschleuniger haben uns in die Lage versetzt, eine Anzahl neuer Elementarteilchen zu entdecken, aber je größer die erlangten Teilchenenergien werden, um so verwirrendere Erscheinungen werden beobachtet. Die Kernphysik ist bis zu einem gewissen Grade ebenfalls ein unvollendetes Kapitel: Wir wissen genug, um unter anderem Atombomben herzustellen, aber unsere Kenntnis von den Kräften, die den Kern zusammenhalten, ist noch immer unvollkommen. Abgesehen von diesen Kernkräften, ist die Physik jedoch im Prinzip ein abge-

schlossenes Kapitel. Wir können gewiß nicht alle ihre Erscheinungen durch ein einziges Naturgesetz beschreiben, aber wir haben sie alle durch wenige einfache, wenn auch abstrakte Gesetze erklärt. Dieses Wissen ist von außerordentlicher Bedeutung, da dieser Teil der Physik unsere gesamte »alltägliche« Physik umfaßt, ja eigentlich fast alles, was wir ohne die Hilfe raffinierter Instrumentetechnik beobachten können. Der größere Teil der Astronomie, die gesamte Chemie und weite Bereiche der Biologie gehören eigentlich zu diesem Gebiet und können, jedenfalls im Prinzip, durch die bekannten physikalischen Gesetze erklärt werden. In den folgenden Kapiteln werden wir sehen, was das einschränkende »im Prinzip« besagen soll.

2 Die lange Kette der Komplikationen

Die drei Fronten der Naturwissenschaft

Wenn wir ein so ausgedehntes und vielschichtiges Gebiet wie die modernen Naturwissenschaften beschreiben, müssen wir verallgemeinern; und wenn wir verallgemeinern, laufen wir Gefahr, nur einen Bruchteil der Wahrheit zu sagen. Mit dieser Einschränkung vor Augen können wir vielleicht die Feststellung treffen, daß sich das heutige Studium der Naturwissenschaften an drei Hauptfronten abspielt. Wir können dabei etwa Untersuchungen des *sehr Großen,* des *sehr Kleinen* und des *sehr Komplizierten* unterscheiden. An diesen drei Hauptfronten bekämpft der Mensch seine quälende Unwissenheit.

Die Untersuchung des sehr Großen heißt Astronomie. Die Astronomen beobachten mit nach und nach immer komplizierteren Instrumenten immer entferntere Objekte und versuchen mit immer verfeinerteren theoretischen Methoden einen Begriff davon zu erlangen, wie die Welt, in der wir leben, im Makrokosmos aussieht. Der Astronom richtet sein Augenmerk nicht nur auf die riesigen Entfernungen von Millionen und Milliarden von Lichtjahren, sondern ebenso auf große Zeitintervalle. Wie hat sich dieses Universum während der Millionen und Milliarden von Jahren entwickelt? Worauf steuern wir zu? Können wir vorhersagen, was zu einer bestimmten Zeit in der Zukunft geschehen wird? Und vor allem: wo ist unsere eigene Position im Universum? Wir wissen, daß wir sehr, sehr klein sind, gemessen an astronomischen Begriffen; aber haben wir vielleicht Gefährten in diesem großen Universum, die ebenso klein sind, die aber genauso wagnisreiche Versuche unternehmen, die astronomischen Unendlichkeiten auszuloten? Wenn nicht, dann sind wir einmalig.

Das sehr Kleine umfaßt die Welt der Atome. Wir selbst und alle Dinge um uns herum bestehen aus Atomen, und wir haben ein elementares Interesse daran, diese Grundbausteine, aus denen wir und alles andere aufgebaut sind, zu verstehen. Sie sind jedoch nicht so einfach, wie man es früher geglaubt hat. Wird durch die Atomphysik ein Geheimnis gelöst, so tauchen neue und noch tiefere Rätsel auf.

Die Astronomie und die Atomphysik sind also komplizierte Wissenschaften, die die Grundgesetzlichkeiten untersuchen, nach denen das Universum bzw. wir selbst regiert werden. Der Bereich des sehr Komplizierten gehört jedoch ohne Zweifel der Biologie. Es ist wahr, daß wir aus Atomen aufgebaut sind, aber selbst wenn wir die Eigenschaften dieser atomaren Bausteine vollständig verstünden, wüßten wir noch sehr wenig über uns selbst. Unsere Beziehung zur Welt der Atome wollen wir die lange Kette der Komplikationen nennen.

Elementarteilchen

Das Wort »Atom« bedeutet unteilbar. Es wurde von den griechischen Philosophen eingeführt und bezeichnete die kleinsten Teilchen, aus denen man sich die Materie aufgebaut dachte. Die Physiker und Chemiker des neunzehnten Jahrhunderts übernahmen den Ausdruck und benutzten ihn, um damit die kleinsten Teilchen zu benennen, die sie kannten. Der Name ist geblieben, obgleich wir schon seit langem in der Lage sind, Atome zu »spalten«, so daß das Unteilbare nicht mehr unteilbar ist. Heute glaubt man, daß die kleinsten Teilchen, welche die Atome bilden, die sogenannten Elementarteilchen sind. Daneben existieren jedoch andere Elementarteilchen, die nicht direkt Bausteine von Atomen sind. Man erzeugt sie gewöhnlich mit Hilfe von riesigen Zyklotrons, Synchrotons oder anderen Beschleunigern, die speziell zur Untersuchung dieser Teilchen gebaut wurden. Elementarteilchen werden außerdem beim Durchgang kosmischer Strahlen durch die Atmosphäre gebildet. Sobald sie entstehen, zerfallen sie innerhalb weniger millionstel Sekunden oder oft sogar in einem noch viel kleineren

Zeitraum. Nach dem Zerfall wandeln sie sich entweder in andere Elementarteilchen um, oder sie emittieren ihre Energie in Form von Strahlung.
Die heutigen Untersuchungen konzentrieren sich auf die wachsende Zahl kurzlebiger Elementarteilchen. Obgleich dieses Gebiet sehr wichtig ist, besonders wegen seiner Bedeutung für die fundamentalsten physikalischen Gesetze, hat diese Art der Forschung gegenwärtig wenig Kontakt mit anderen Zweigen der Physik. Aus diesem Grunde werden wir die folgende Beschreibung der Elementarteilchen auf diejenigen beschränken, die beständige Bausteine unserer gewöhnlichen Materie sind, und auf einige Teilchen, die zu ihnen in engster Beziehung stehen.
Als erstes von diesen wurde gegen Ende des neunzehnten Jahrhunderts das Elektron entdeckt, zweifellos ein äußerst nützlicher dienstbarer Geist, wie sich herausstellte. In jeder Radioröhre bewegt sich ein Strom von Elektronen, und durch die Steuerung dieses Stroms werden die ankommenden Radiosignale verstärkt und schließlich in Schall umgewandelt. Im Fernsehapparat dient ein Strahl aus Elektronen als Schreibgerät, das auf den Schirm des Empfängers exakt und simultan das aufschreibt, was die Kamera des Senders »sieht«. In beiden Beispielen bewegen sich die Elektronen im Vakuum, dort also, wo ihre Bewegung so ungestört wie möglich verläuft.
Eine andere nützliche Eigenschaft der Elektronen ist ihre Fähigkeit, ein Gas, das sie durchströmen, zum Leuchten zu bringen. Diese Tatsache benutzen wir zum Beispiel, wenn wir Elektronen durch Glasröhren wandern lassen, die mit einem Gas unter geeignetem Druck gefüllt sind: etwa durch Neonlampen, die die Vergnügungsviertel jeder Großstadt bei Nacht illuminieren. Eine andere Wirkung der Elektronen kann man beim Einschlagen eines Blitzes beobachten, wenn eine enorme Zahl von Elektronen durch die Luft stürzt und den grollenden Ton des Donners hervorruft.
Unter den auf der Erde herrschenden Bedingungen gibt es jedoch relativ wenige Elektronen, die sich so frei bewegen können, wie es in den Beispielen eben der Fall war. Die meisten

Elektronen sind fest an Atome gebunden. Da der Atomkern positiv geladen ist, zieht er die negativ geladenen Elektronen an und hält sie auf Bahnen, die sehr in seiner Nähe liegen. Ein Atom besteht normalerweise aus einem Kern und einer Anzahl Elektronen. Wenn ein Elektron aus einem Atom entweicht, wird es gewöhnlich sofort durch ein anderes Elektron ersetzt, das sich der Atomkern aus seiner unmittelbaren Umgebung mit Hilfe seiner starken Anziehungskraft einfängt.
In den Atomen der Metalle (und jedes anderen elektrischen Leiters) sind nicht alle Elektronen so fest gebunden wie in den Atomen anderer Substanzen. Ein oder zwei Elektronen jedes Atoms können sich etwas freier bewegen. Die Kräfte, die von dem Atom ausgehen, hindern sie nicht daran, sich innerhalb des Metalls sehr frei zu bewegen; die vereinten Kräfte aller Atome in dem Metall erschweren es ihnen jedoch, aus dem Metall zu entweichen; das geschieht nur in Ausnahmefällen. Infolge dieser Tatsache ist es möglich, einen Strom von Elektronen durch einen Metalldraht zu schicken. Die Elektronen bewegen sich völlig ungehindert im Draht, ohne ihn verlassen zu können, so daß sie wie Wasser durch ein Rohr strömen. Dieses Phänomen hat im Bild unserer Landschaft eine der häufigsten markanten Veränderungen zur Folge gehabt: die Masten und langen Metalldrähte, die von ihnen getragen werden. Durch diese Drähte oder Kabel übermitteln Elektronen elektrische Spannungen.
Wie sieht nun aber dieses bemerkenswerte Elektron aus? Niemand hat es je gesehen, und niemand wird es je sehen; trotzdem kennen wir seine Eigenschaften so gut, daß wir im einzelnen voraussagen können, wie es sich in verschiedenen Situationen verhalten wird. Wir kennen seine Masse (sein »Gewicht«) und seine elektrische Ladung. Wir wissen, daß es sich sehr oft so benimmt, als ob es ein sehr kleines *Teilchen* wäre, daß es jedoch zu anderen Zeiten die Eigenschaften einer *Welle* besitzt. Die sehr abstrakte, dennoch sehr genaue Theorie über das Elektron, vor einigen Jahrzehnten von dem englischen Physiker Dirac ausgearbeitet, ermöglicht uns vorherzusagen, unter welchen Umständen sich das Elektron vorwiegend wie ein Teilchen ver-

halten und wann seine Wellennatur vorherrschen wird. Dieser Dualismus – Teilchen- und Wellennatur – macht es schwierig, ein klares Bild vom Elektron zu zeichnen; folglich muß eine Theorie, die beide Aspekte berücksichtigt und trotzdem eine vollständige Beschreibung des Elektrons liefert, sehr abstrakt sein.

Die Diracsche Theorie des Elektrons fordert unter anderem, daß es ein Elementarteilchen geben muß, das sich vom Elektron nur in der Ladung unterscheidet, d. h. statt negativ positiv geladen ist, und sonst die gleichen Eigenschaften besitzt. Tatsächlich wurde solch ein Gegenstück zum Elektron gefunden, man nannte es *Positron.* Es ist in der kosmischen Strahlung enthalten und entsteht außerdem beim Zerfall gewisser radioaktiver Substanzen. Unter Bedingungen, wie sie auf der Erde herrschen, lebt das Positron nur sehr kurz. Sobald es in die Nähe eines Elektrons kommt – und das geschieht in allen Substanzen –, »vernichten« Elektron und Positron einander: Die positive elektrische Ladung des Positrons neutralisiert die negative Ladung des Elektrons. Da nach der Relativitätstheorie Masse eine Form der Energie ($E = m \cdot c^2$) und da Energie unzerstörbar ist, muß die Energie, die durch die vereinigten Massen von Elektron und Positron dargestellt wird, irgendwie erhalten bleiben. Dies geschieht durch ein *Photon* (ein Lichtquant) oder gewöhnlich zwei Photonen, die bei Vernichtungsprozessen abgestrahlt werden; ihre Energie ist gleich der vereinigten Energie des Elektrons und des Positrons.

Wir wissen auch, daß der umgekehrte Vorgang stattfindet. Ein Photon kann unter gewissen Umständen – zum Beispiel, wenn es nahe an einem Atomkern vorbeikommt – »aus dem Nichts« ein Elektron und ein Positron erzeugen. Dazu muß es mindestens soviel Energie besitzen wie den vereinigten Massen von Elektron und Positron entspricht.

Wir sehen, die Elementarteilchen sind also nicht ewig oder beständig. Sowohl Elektron als auch Positron können geboren werden und sterben. Die Energie und die beteiligten Ladungen bleiben jedoch erhalten.

Abgesehen von den Elektronen ist das Elementarteilchen, das wir schon länger als alle anderen Teilchen kennen, nicht das seltene Positron, sondern das *Proton,* der Kern des Wasserstoffatoms. Es ist wie auch das Positron positiv geladen, aber seine Masse ist etwa zweitausendmal größer als die des Positrons oder des Elektrons. Wie diese Teilchen erscheint auch Proton manchmal als Welle, aber nur unter ganz besonderen Umständen. Daß seine Wellennatur weniger zum Vorschein kommt, ist eine direkte Folge seiner höheren Masse. Die Wellennatur, eine Eigenschaft aller Materie, wird für uns erst von Bedeutung, wenn wir anfangen, mit extrem leichten Teilchen, wie Elektronen, zu arbeiten.
Das Proton ist ein sehr verbreitetes Elementarteilchen. Ein Wasserstoffatom besteht aus einem Proton als »Kern«, der von einem Elektron umkreist wird. Das Proton bildet außerdem einen Bestandteil aller anderen Atomkerne.
Die theoretischen Physiker hatten vorausgesagt, daß das Proton, ebenso wie das Elektron, ein Gegenstück besitzen müsse; die Entdeckung des negativen Protons oder *Antiprotons,* das die gleichen Eigenschaften wie das Proton, dabei aber eine negative Ladung besitzt, erfüllte diese Erwartung. Wenn ein Antiproton mit einem Proton zusammenstößt, werden beide »vernichtet«, wie ein Elektron und ein Positron sich gegenseitig vernichten.
Ein anderes Elementarteilchen, das *Neutron,* hat fast die gleiche Masse wie das Proton, ist jedoch elektrisch neutral (ohne elektrische Ladung). Seine Entdeckung in den 1930er Jahren – etwa zur gleichen Zeit wurde das Positron gefunden – ist für die Kernphysik außerordentlich wichtig geworden. Das Neutron ist Bestandteil aller Atomkerne (außer natürlich dem gewöhnlichen Wasserstoffkern, der einfach aus einem freien Proton besteht), und wenn ein Atomkern aufgebrochen wird, werden ein oder mehrere Neutronen frei. Die Explosion einer Atombombe wird durch Neutronen bewirkt, die aus Uran- oder Plutoniumkernen freigesetzt werden.
Da Protonen und Neutronen zusammen die Atomkerne bilden,

bezeichnet man sie auch als Nukleonen (lat. *nucleus* = Kern). Ein freies Neutron zerfällt nach einer gewissen Zeit in ein Proton und ein Elektron. Umgekehrt kann ein Proton in ein Neutron und ein Positron verwandelt werden.

Wir wissen von einem anderen Teilchen, das man *Antineutron* nennt und das wie das Neutron elektrisch neutral ist. Es hat viele der Eigenschaften des Neutrons, aber ein Hauptunterschied besteht darin, daß es in ein Antiproton und ein Elektron zerfällt. Wenn ein Neutron und ein Antineutron zusammenstoßen, löschen sie sich aus.

Das *Photon* oder Lichtquant ist ein weiteres äußerst interessantes Elementarteilchen. Wenn wir eine Lampe einschalten, um ein Buch zu lesen, geht vom Glühfaden eine riesige Zahl von Photonen aus, die sich mit 300 000 Kilometern pro Sekunde auf das Buch und alle Teile des Raumes zubewegen. Einige von ihnen werden zerstört, sobald sie eine Wand treffen, andere stoßen einige Male gegen die Wände oder andere Gegenstände. Innerhalb von weniger als einer millionstel Sekunde nach ihrer Entstehung sind jedoch alle zerstört worden, außer einigen wenigen, die durch ein Fenster entweichen konnten und in den Außenraum weiterfliegen. Die nötige Energie, um die Photonen zu erzeugen, wird von den Elektronen geliefert, die beim Einschalten durch die Drahtwendel der Glühbirne geschickt werden. Die Photonen geben diese Energie in Form von Wärme wieder ab, wenn sie in einem Buch oder in einem anderen Gegenstand zerstört werden, oder aber sie rufen im Auge eine Reizung der Sehnerven hervor.

Die Energie eines Photons – und damit seine Masse – kann sehr stark variieren. Es gibt daher sehr leichte Photonen und auch sehr schwere. Die Photonen, aus denen das gewöhnliche Licht besteht, sind sehr leicht; sie haben eine Masse, die nur einige Millionstel der Elektronenmasse beträgt. Andere Photonen haben etwa die gleiche Masse wie ein Elektron, und es gibt noch viel schwerere. Röntgen- und Gammastrahlen sind Beispiele schwerer Photonen.

Eine Grundregel besagt, daß die Wellennatur um so ausgeprägter erscheint, je leichter ein Elementarteilchen ist. Die schwersten Elementarteilchen, die Protonen, zeigen vergleichsweise schwache Welleneigenschaften; die der Elektronen sind etwas stärker ausgeprägt, und die Welleneigenschaften der Photonen treten am stärksten hervor. So wurde die Wellennatur des Lichtes lange vor seinen Teilcheneigenschaften entdeckt. Maxwell zeigte am Ende des neunzehnten Jahrhunderts, daß Licht eine elektromagnetische Wellenbewegung ist; erst am Anfang des zwanzigsten Jahrhunderts waren es Planck und Einstein, die entdeckten, daß das Licht Teilcheneigenschaften besitzt und daß es manchmal in unterscheidbaren »Quanten«, d. h. als ein Photonenstrom, ausgesandt wird. Man wird nicht leugnen, daß es anschauungsmäßig schwierig ist, diese beiden offenbar sehr gegensätzlichen Betrachtungsweisen der Natur des Lichtes zu vereinigen; wir können jedoch sagen, daß entsprechend der »Doppelnatur« des Elektrons auch unsere Vorstellungen von einer so subtilen Erscheinung wie der des Lichtes sehr unanschaulich sein müssen. Nur wenn wir unsere Vorstellung in groben Bildern veranschaulichen wollen, müssen wir manchmal entweder das Bild vom Teilchenstrom, von den Photonen, oder das Bild einer Wellenbewegung elektromagnetischer Natur zu Hilfe nehmen.

Es gibt indes eine Beziehung zwischen der Teilchennatur einer Erscheinung und ihren Welleneigenschaften. Je schwerer ein Teilchen, um so kürzer ist die entsprechende Wellenlänge; je länger die Wellenlänge, um so leichter ist das entsprechende Teilchen. Röntgenstrahlen, die aus sehr schweren Photonen bestehen, besitzen daher eine sehr kurze Wellenlänge. Das rote Licht, von längerer Wellenlänge als das blaue, besteht aus Photonen, die entsprechend leichter sind. Die längsten elektromagnetischen Wellen, die Radiowellen, bestehen aus extrem winzigen Photonen. Die Radiowellen zeigen keine Spur einer Teilchennatur; bei ihnen herrscht praktisch die Wellennatur vollständig vor.

Das winzigste all der kleinen Elementarteilchen ist schließlich das *Neutrino*. Es besitzt keine elektrische Ladung, und wenn es

überhaupt Masse hat, so ist sie auf jeden Fall verschwindend gering. Mit einiger Übertreibung kann man sagen, daß es einfach keine Eigenschaften besitzt.
Unsere Kenntnis der Elementarteilchen ist die gegenwärtige Grenze der Physik. Das Atom wurde im neunzehnten Jahrhundert entdeckt, und die Wissenschaftler der damaligen Zeit fanden daraufhin eine wachsende Anzahl verschiedener Atomarten; in ähnlicher Weise finden wir heute immer mehr Elementarteilchen. Obgleich man zeigen konnte, daß die Atome aus Elementarteilchen bestehen, dürfen wir nicht erwarten, daß sich in analoger Weise der Aufbau von Elementarteilchen aus noch kleineren Bestandteilen ergeben wird. Das Problem, dem wir heute gegenüberstehen, ist ein anderes, und nichts deutet darauf hin, daß wir in der Lage sein werden, Elementarteilchen zu spalten. Eher dürfen wir erwarten, daß sie sich alle als Erscheinungsformen eines noch grundlegenderen Zustandes der Materie erweisen werden. Könnten wir diesen erfassen, so wären wir in der Lage, alle Eigenschaften der Elementarteilchen zu verstehen; wir könnten ihre Massen berechnen und die Art und Weise, wie sie untereinander wechselwirken. Man hat oft versucht, dieses Problem anzugreifen; es ist zweifellos eines der wichtigsten der Physik.

Protonen und Neutronen bilden Atomkerne

Die gesamte Materie wird von drei Elementarteilchen aufgebaut – Elektronen, Protonen und Neutronen. Da Protonen und Neutronen sich leicht ineinander verwandeln können und beide Nukleonen genannt werden, können wir ebensogut sagen, daß Materie aus zwei Bausteinen besteht: Elektronen und Nukleonen. Die Materie wird aus diesen Teilchen in zwei Schritten aufgebaut. Im ersten Schritt verbinden sich die Nukleonen zu Atomkernen, im zweiten Schritt vereinigen sich diese Atomkerne mit Elektronen und bilden Atome.
Die Anzahl der Nukleonen, aus denen ein Atomkern bestehen

kann, schwankt zwischen einem und mehr als zweihundert. Der einfachste Atomkern ist der Wasserstoffkern, er besteht aus einem einzigen freien Proton. Der komplizierteste normale Atomkern, der Urankern, enthält 238 Nukleonen. Alle Zahlen zwischen diesen beiden sind ebenfalls den verschiedenen Atomkernen zuzuordnen.

Bei dem Versuch, den Zusammenhalt mehrerer Nukleonen im Atomkern zu erklären, müssen wir annehmen, daß außerordentlich starke Anziehungskräfte zwischen Nukleonen auftreten, wenn diese sich sehr nahekommen. Diese Kräfte sind von anderer Art als die der elektrischen Anziehung, die zum Beispiel zwischen einem positiv geladenen Proton und einem negativ geladenen Elektron auftreten. Die Anziehungskraft zwischen Nukleonen nennen wir Kernkraft. Wir sind der Meinung, daß eine gründlichere Erforschung ihrer Eigenschaften vielleicht die einzig wichtige Aufgabe ist, der sich die Kernphysik gegenübersieht.

Um sich den Aufbau eines Atomkerns bildhaft vorzustellen, kann man sich die Nukleonen etwa als kleine Bälle denken, die aneinander hängenbleiben, wenn sie sich sehr nahekommen; das bedeutet dann, daß die Kernkräfte sie in Form eines kleinen, fast runden Klumpens, dem Atomkern, zusammenhalten. Die Masse eines Atomkerns ist annähernd gleich der Gesamtmasse der Nukleonen, aus denen er besteht. Zum Beispiel sagt man, daß der Kern eines Eisenatoms – er enthält 56 Nukleonen – das »Atomgewicht 56« besitzt; seine Masse ist etwa 56mal die Masse eines einzelnen Nukleons. In Wirklichkeit enthält seine Gesamtmasse etwas weniger als 56 Nukleonenmassen, da bei Vereinigung dieser Teilchen zu einem Kern ein gewisser Betrag der Energie, die sogenannte Bindungsenergie, freigesetzt wird und entweicht. Nun stellt jede Energie auch eine Masse dar; es ist also als Folge der Vereinigung der Nukleonen etwas Masse verlorengegangen. In allen Kernen beträgt jedoch die verlorengegangene Masse weniger als ein Prozent der Gesamtmasse. Neben dem Atomgewicht ist die wichtigste Eigenschaft eines Atomkerns seine elektrische Ladung. Sie bestimmt die chemischen und die meisten physikalischen Eigenschaften des Atoms. Die Ladung von Atomkernen variiert von 1 bis etwa 100. Der Urankern mit der größten Ladung aller natürlich auftretenden Substanzen besitzt die Ladungszahl (»Ordnungszahl«) 92, und es sind andere Kerne mit noch höheren Ordnungszahlen, zum Beispiel Plutonium, künstlich hergestellt worden. Der am häufigsten auftretende Urankern hat das Atomgewicht 238 und besteht daher aus 238 Nukleonen. Da Protonen eine elektrische Ladung besitzen, Neutronen jedoch nicht, können wir leicht sehen, daß von den Nukleonen, die den Urankern bilden, 92 Protonen sind und der Rest Neutronen (238 − 92 = 146).

Wenn die Atomkerne zweier Atome die gleiche Ladung, aber verschiedene Massen haben, nennt man sie Isotope. Nehmen wir zum Beispiel einen Kern der Ladung 92 und der Masse 235; dieses Atom ist ein Isotop vom Uran-238. Da die Ladung des Kerns die chemischen Eigenschaften des dazugehörigen Atoms bestimmt, besitzen Atome mit diesen isotopen Kernen die gleichen chemischen Eigenschaften, und beide sind Uran. (Das Uran-Isotop 235 wird zur Herstellung von Atombomben benutzt.)

Um die Bildung von Kernen aus Nukleonen etwas genauer zu erklären, werden wir einige der einfachsten Kerne untersuchen. Der allereinfachste ist der gewöhnliche Wasserstoffkern, er besteht, wie wir sahen, aus einem freien Proton. Wenn ein Neutron dem Proton nahe genug kommt, können sich beide Teilchen zu einem Atomkern vereinigen, der dann aus einem Proton und einem Neutron besteht. Dieser Kern hat die Ladung 1 und die Masse 2; das so entstandene Atom hat die gleiche Ladung wie ein gewöhnlicher Wasserstoffkern und ist daher ein Isotop des Wasserstoffs, das man »schweren Wasserstoff« oder Deuterium nennt. Fügt man noch ein Neutron hinzu, so erhält man ein drittes Wasserstoff-Isotop, »extraschwerer Wasserstoff« oder Tritium genannt, mit einem Atomkern der Ladung 1 und der Masse 3. Fügt man statt des Neutrons zum Deuteriumkern ein Proton hinzu, so ergibt sich ein Kern der Masse 3, aber der Ladung 2. Da ein Kern mit der Ladung 2 ein Heliumkern ist, können wir Deuterium in Helium umwandeln, wenn wir veranlassen, daß der Deuteriumkern ein Proton aufnimmt. Dieses Atom ist jedoch nicht das gewöhnliche Helium-Isotop mit der Masse 4, sondern ein leichteres Isotop, genannt Helium-3.

Wenn wir die Kerne von Tritium und Helium-3 vergleichen, die beide aus drei Nukleonen bestehen, so finden wir, daß Helium-3 weniger Energie besitzt als das Tritium, so daß eine Umwandlung von Helium-3 in Tritium eine Energiezufuhr von außen nötig macht. Verwandelt man dagegen Tritium in Helium-3, so wird Energie abgegeben. Diese Art der Umwandlung tritt auch spontan auf. Tritium verwandelt sich von selbst (im Laufe einiger Jahrzehnte) in Helium-3. Wir nennen einen solchen Vorgang Radioaktivität. Der Kern, der ursprünglich aus einem Proton und zwei Neutronen bestand, enthält nach der Umwandlung zwei Protonen und ein Neutron; ein Neutron wurde in ein Proton verwandelt. Bei dieser Verwandlung entsteht in dem Atomkern ein Elektron, um die gesamte elektrische Ladung zu erhalten, und dieses Elektron wird mit großer Geschwindigkeit aus dem Kern ausgestoßen, wenn die radioaktive Umwandlung beendet ist.

Wenn ein Atomkern beispielsweise aus 16 Nukleonen besteht, müssen etwa die Hälfte Protonen sein, damit der Kern stabil ist und nicht auseinanderfällt. Der gewöhnliche Sauerstoffkern besteht aus 8 Protonen und 8 Neutronen und ist stabil. Wenn die 16 Nukleonen dagegen aus 7 Protonen und 9 Neutronen bestehen, bilden sie einen Stickstoffkern, der instabil und radioaktiv ist. Er wandelt sich in Sauerstoff um; dabei wird aus einem Neutron ein Proton unter Aussendung eines Elektrons. Eine Kombination von 9 Protonen und 7 Neutronen ergibt einen Fluorkern, der ebenfalls zu Sauerstoff wird. Da jedoch hierbei die Umwandlung eines Protons in ein Neutron erfolgt, wird diesmal ein Positron ausgestoßen, das die überschüssige positive Ladung mitnimmt.

Wie dieses Beispiel zeigt, ergeben nur gewisse Kombinationen von Protonen und Neutronen stabile Atomkerne. In der Natur findet man alle stabilen Atomkerne und daneben auch einige radioaktive. Eine radioaktive Substanz ist instabil, so daß sie früher oder später zerfällt. Bestimmte Kerne, zum Beispiel der des normalen Urans, zersetzen sich jedoch so langsam, daß nur ein Bruchteil eines solchen Kerns seit seiner Bildung ganz am Anfang der Entwicklung des Universums verlorengegangen ist. Man findet in der Natur auch kurzlebigere radioaktive Substanzen. Heute können wir künstlich viele hundert verschiedene radioaktive Substanzen herstellen.

Bei vielen Kernreaktionen werden ungeheure Energiemengen frei. Wenn eine Substanz radioaktiv zerfällt, wird ein großer Energiebetrag freigesetzt; da jedoch all die radioaktiven Substanzen, die uns in größerer Menge zur Verfügung stehen, langsam zerfallen, verteilt sich die dabei freiwerdende große Energie auf eine so lange Periode, daß sie nicht sehr aufregend erscheint. Erst seit wir die Uran- und Plutoniumkerne spalten können, erhalten wir die so konzentrierte und schnelle Befreiung von Energie, wie sie bei der Explosion einer Atombombe hervorgerufen wird. Eine andere und unvergleichlich wichtigere atomare Reaktion spielt sich im Innern der Sonne und anderer Sterne ab und liefert dabei die Energie, die in den Raum abgestrahlt wird. Diese Reaktion ist ziemlich kompliziert, aber das Endergebnis ist, daß 4 Protonen sich zu einem Heliumkern vereinigen und 2 Positronen aussenden. So wird der Wasserstoff der Sonne nach und nach zu Helium »verbrannt«. Ohne die Hitze aus diesem Feuer würde die Temperatur der Erde schnell auf den absoluten Nullpunkt sinken, d. h. auf minus 273 Grad Celsius. Der Mensch ist bisher noch nicht in der Lage gewesen, diese atomare Reaktion, bei der viel mehr Energie entsteht als bei der Spaltung des Urans, in größerem Umfang nachzuvollziehen, aber es ist nicht unmöglich, daß wir bald diesen oder einen ähnlichen Prozeß nutzbar machen können (thermonukleare Kraft).

Die Atomkerne, die zusammen mit den Elektronen die Welt aufbauen, in der wir leben, wurden wahrscheinlich vor einigen

Milliarden Jahren durch Kombination freier Protonen und Neutronen gebildet. Es ist möglich, daß dieser Vorgang im Innern der Sterne stattfand.
Gegenwärtig geschehen in der Sonne und in den Sternen Kernreaktionen von riesigem Ausmaß. Die Temperatur im Zentrum der Sonne beträgt etwa 20 Millionen Grad, was gerade ausreicht, um den Wasserstoff zu »zünden«, so daß er zu Helium verbrennt. Bei diesen Reaktionen entstehen in großer Zahl Neutronen, und wenn einige davon sich an die Protonen anlagern, werden schwerere Elemente gebildet. In bestimmten Sternen mit sehr heißem Innern sind solche Kernprozesse sehr ergiebig. Besonders kann man in explodierenden Sternen (Novae oder Supernovae) eine beträchtliche Produktion schwerer Elemente erwarten. Es besteht daher die Möglichkeit, daß Elemente innerhalb der Sterne aufgebaut und nachher in den Raum ausgestoßen werden.
Dies sind also einige der aufregenderen Aspekte der Kernphysik, aber es gibt auch noch Probleme, die zwar »gewöhnlicher«, aber deswegen nicht weniger interessant oder wichtig sind.

Atomkerne und Elektronen bilden Atome

Positive und negative Ladungen ziehen sich gegenseitig an. Atomkerne sind immer positiv geladen, Elektronen stets negativ. Daher versucht ein Atomkern Elektronen einzufangen. Ein eingefangenes Elektron wird jedoch niemals Teil des Kerns, sondern umkreist ihn in einem bestimmten Abstand. Der Grund dafür liegt in dem mehr wellen- als teilchenhaften Verhalten des Elektrons. Wenn ein Wasserstoff*kern*, der nur ein einziges positiv geladenes Teilchen enthält, auf diese Weise ein Elektron eingefangen hat, ist ein Wasserstoff*atom* entstanden. Nach außen hin ist dieses Atom elektrisch neutral; denn die negative Ladung des Elektrons neutralisiert die positive Ladung des Kerns. Ein Heliumkern, der die doppelte Ladung besitzt, muß zwei Elektronen um sich haben, um ein neutrales Atom zu bilden; der Kern des Eisens (mit der Ladung 26) benötigt 26

Elektronen, und der Urankern schließlich (Ladung 92) umgibt sich gewöhnlich mit 92 Elektronen.*

Die von Niels Bohr im Jahre 1913 entworfene Atomtheorie enthielt zum erstenmal eine Beschreibung vom Aufbau eines Atoms. Nach dieser Theorie bewegen sich die Elektronen in Kreisen oder Ellipsen um den Kern, etwa so, wie die Planeten um die Sonne kreisen. Es gibt jedoch einen großen Unterschied zwischen der Bewegung der Planeten und der der Elektronen. Ein Planet kann sich in jeder Entfernung von der Sonne bewegen; wenn zum Beispiel die Geschwindigkeit der Erdbewegung um die Sonne verringert würde, so fiele die Erde ein bestimmtes Stück auf die Sonne zu und würde auf einer neuen Bahn umlaufen, deren Abstand von der Sonne vollständig durch den Grad der Abbremsung bestimmt wäre. Würde man die Erde in ihrem Lauf hemmen oder beschleunigen, so könnte man sie auf jede Ellipse bringen (die einzige Beschränkung wäre dabei, daß die Sonne in einem Brennpunkt der elliptischen Bahn zu liegen hätte). Die Elektronen in einem Atom haben keine solch große Freiheit, sich ihre Bahn auszusuchen. Der Grund liegt darin, daß die Elektronen sich wie Wellen verhalten, die bestimmte Wellenmuster bilden müssen.

Wir haben früher erwähnt, daß das Licht einer Neonröhre durch einen Elektronenstrom hervorgerufen wird, der das in der Röhre vorhandene Neongas durchfließt. Der Kern des Neons ist zehnfach geladen und wird deshalb normalerweise von 10 Elektronen umgeben. Wird ein elektrischer Strom durch das Gas geschickt, so heißt das, daß sich Elektronen hindurchbewegen müssen, und diese stoßen mit den Atomen des Gases zusammen. Ist dieser Zusammenstoß heftig genug, dann kann ein

* Im Prinzip kann ein Atomkern auch aus Antiprotonen und Antineutronen gebildet werden. Ein solcher negativ geladener Kern kann sich mit Positronen umgeben, und das resultierende »Antiatom« wird genau die gleichen Eigenschaften wie ein gewöhnliches Atom besitzen. Solche Antiatome können »Antimaterie« bilden, die ebenfalls die Eigenschaften der gewöhnlichen Materie aufweist. Wenn Materie und Antimaterie in Berührung kommen, vernichten sie einander, wobei eine enorme Energiemenge frei wird. Bestimmte Theorien gehen davon aus, daß ein Teil des Universums aus Antimaterie besteht.

Elektron aus dem Neonatom herausgelöst werden, wobei als Rumpf ein positives Ion übrigbleibt. Ein Neonion wird demnach aus einem Neonkern und 9 Elektronen bestehen. Das abgespaltene Elektron trägt mit dazu bei, den elektrischen Strom durch das Gas zu transportieren, es kann jedoch gelegentlich wieder von einem anderen Neonion eingefangen werden. Der Grund dafür liegt in der positiven Ladung des Ions, seine 9 negativen Elektronen neutralisieren nicht vollständig die 10 positiven Ladungseinheiten innerhalb des Kerns, und das elektrische Feld eines Ions zieht benachbarte Elektronen an.
Nur ungewöhnlich energiereiche Stöße führen jedoch zur Ionisation eines Atoms. Häufiger wird bei einem Zusammenstoß ein Elektron des Neonatoms aus seiner normalen Bahn auf eine neue Bahn in größerer Entfernung vom Kern gehoben. Diesen Vorgang nennt man Anregung des Atoms. Dabei bleibt ein solches Atom immer noch elektrisch neutral und hat daher, wenn es sich um Neon handelt, 10 Elektronen, obgleich eines von diesen eine ungewöhnlich große Energie bekommen hat, da sein Abstand vom Kern gewachsen ist. Innerhalb einer sehr kurzen Zeit fällt es auf seine normale Bahn zurück, und seine überschüssige Energie wird in Form eines Photons ausgesandt. Dieses entsteht also beim Sprung des Elektrons von einer Bahn zur anderen. Das Licht, das von dem Gas ausgesandt wird, wenn ein elektrischer Strom es durchfließt, besteht aus all den Photonen, die die angeregten Atome bei der Rückkehr in ihren normalen Zustand aussenden. Die Energie des Photons und daher auch die des ausgesandten Lichtes wird durch die Energiedifferenz zwischen den beiden Bahnen bestimmt. Wenn diese sehr klein ist, besitzt das Licht eine rote Farbe und wird in langen Wellen ausgesandt. Einer etwas größeren Energiedifferenz entspricht etwa gelbes und grünes Licht bei kürzeren Wellenlängen, und eine noch größere Differenz bedeutet etwa blaues oder violettes Licht mit noch kürzerer Wellenlänge. Wenn wir die Wellenlänge des ausgesandten Lichtes mit hoher Genauigkeit messen, können wir wichtige Dinge über die verschiedenen Energiezustände erfahren, die das Atom einneh-

men kann. Das rote Licht, das eine Neonlampe aussendet, soll der Zahnpaste kaufenden Öffentlichkeit vielleicht eine bestimmte Marke schmackhaft machen, dem Physiker dagegen berichtet es vom atomaren Aufbau des Neons.

Die verschiedenen Bahnen, die ein Elektron bei der Anregung des Atoms einnehmen kann, bedeuten viele verschiedene Energiezustände. Das Licht, das bei jedem Übergang zwischen zwei Bahnen ausgesandt wird, nennt man eine Spektrallinie, von denen jede ihre besondere Farbe besitzt. Atome komplexer Zusammensetzung können Tausende oder Zehntausende verschiedener Spektrallinien emittieren, und es ist natürlich schwierig, etwas so Kompliziertes zu untersuchen. Um den Aufbau eines Atoms zu verstehen, ist es daher nötig, mit der Analyse beim einfachsten Atom, dem Wasserstoffatom, zu beginnen, in dem der Kern von nur einem Elektron umkreist wird. Normalerweise bewegt sich dieses Elektron auf einer Bahn sehr dicht am Kern (der Bahndurchmesser beträgt etwa den zehnmillionsten Teil eines Millimeters). Durch Untersuchung des Spektrums, das von einem Wasserstoffgas ausgesandt wird, während ein elektrischer Strom es durchfließt, können wir die Bahnen berechnen, auf denen sich das Elektron im angeregten Atom bewegt. Es ergibt sich dabei, daß der Abstand der Bahn vom Kern 4, 9, 16 oder 25mal so groß sein kann wie der normale Abstand, er kann zum Beispiel jedoch nicht das 5-, 8- oder 13fache dieses Abstandes betragen.

Zunächst war es schwierig zu verstehen, warum das Elektron nur auf diesen festgelegten Bahnen laufen kann und nicht in jeder beliebigen Entfernung vom Kern wie ein Planet, der die Sonne umkreist. Das Rätsel löste sich, als die Wellennatur des Elektrons entdeckt wurde. Wie wir in dem Abschnitt über Elementarteilchen gelernt haben, ähnelt ein Elektron manchmal einem Teilchen, es hat jedoch andere Eigenschaften, die es zuweilen wie eine Welle erscheinen lassen. Wenn wir es mit extrem kleinen Dimensionen wie denen der Atome zu tun haben, werden die Welleneigenschaften genauso wichtig wie die Teilcheneigenschaften, wenn nicht noch wichtiger, und es ist nicht völlig richtig, wenn man sagt, daß die Elektronen sich auf einer wohldefinierten Bahn bewegen. Man muß sich das Elektron, das den Atomkern umkreist, eher wie eine pulsierende oder vibrierende elektrische Ladung vorstellen. Bei der Berechnung der Bewegung eines Elektrons in einem Atom stößt man auf ein Problem, wie es ähnlich in der Akustik auftritt, wenn man nämlich die Schwingungsformen oder die möglichen Töne einer Pfeife berechnen will.

Eine Saite auf einer Geige oder einem Klavier kann nicht nur die Grundschwingung, sondern auch eine Serie von Oberschwingungen erzeugen. Wenn man lose auf die Mitte einer Saite faßt, wird der Grundton unterdrückt, und man erreicht, daß die Saite nur die erste Oberschwingung abgibt, die eine Oktave höher als die Grundschwingung liegt. Ebenso können wir die zweite Oberschwingung hervorrufen, eine Quinte höher als die erste, desgleichen die dritte, die zwei ganze Oktaven über der Grundschwingung liegt und so fort. Ein Flötenspieler wechselt einfach von einer Oktave zur nächsthöheren, indem er den tonerzeugenden Luftstrom so verändert, daß in der Flöte die erste Oberschwingung hervorgerufen wird. In analoger Weise schwingt die Ladung des Elektrons in einem Wasserstoffatom, und zwar in der Grundschwingung, wenn sich das Atom in seinem Normalzustand befindet. Wird es jedoch angeregt, so beginnt das Elektron in einer der vielen möglichen Oberschwingungen zu schwingen. Bei einem solchen Schwingungszustand befindet sich der größte Teil der elektrischen Ladung in einer größeren Entfernung vom Kern als im Grundzustand. Die Ladung ist hauptsächlich auf die Bahn konzentriert, auf der sich nach Bohrs Theorie das Elektron in diesem besonderen Bewegungszustand bewegen sollte.

Die Entdeckung der Wellennatur des Elektrons gab, wie wir sahen, den Anstoß zu einer Verfeinerung der klassischen Mechanik Newtons. Wir nennen sie Quanten- oder Wellenmechanik. Diese Methode befaßt sich mit der Wellennatur des Elektrons, gegenüber der klassischen Mechanik, die nur seine Teilchennatur untersuchte. Für Planeten oder auch Meteore und fliegende Geschosse genügt die Kenntnis der Teilchennatur, weil bei genügend großen Körpern die Wellennatur überhaupt nicht zu bemerken ist. Wenn wir jedoch so winzige Teilchen wie die Elektronen und so kleine Dimensionen wie die des Atoms untersuchen, so kommt die Wellennatur so stark zum Ausdruck, daß wir die Quantenmechanik anwenden müssen. Mit der Entwicklung dieses neuen Gebietes eröffnete sich die Möglichkeit einer vollständigen Beschreibung aller Eigenschaften des Wasserstoffatoms. Unglücklicherweise liefert die Quantenmechanik ein sehr abstraktes Modell des Atoms, und es ist unmöglich, ein anschauliches Bild von ihm zu erhalten, da man die subtilen und ungewöhnlichen Erscheinungen, die sich im Atom bspielen, einfach nicht durch Analogien aus dem täglichen Leben beschreiben kann. Wenn wir jedoch den Versuch einer bildlichen Beschreibung des Atoms machen wollen, sollten wir uns darüber klar sein, daß diese Beschreibung zumindest in mancher Hinsicht sehr irreführend sein wird. Betonen wir die Teilchennatur des Elektrons, so gelangen wir zum Bohrschen Atommodell, in dem die Elektronen als Teilchen betrachtet werden, die sich in bestimmten festen Bahnen bewegen und unter Aussendung eines Photons von einer Bahn zur anderen springen können. Andererseits können wir die Wellennatur des Elektrons hervorheben und die verschiedenen Zustände des Atoms als Grundschwingung und Oberschwingungen des Elektrons ansehen.

Wir verlangen von einer Theorie des Atoms, daß sie alles erklärt, was wir über das Atom wissen. Dies ist eine gewagte Forderung; denn wir kennen nicht nur die vielen Eigenschaften des Atoms, sondern können dank der außerordentlichen Präzision der Spektroskopie sehr viele Energiezustände eines Atoms mit erstaunlicher Genauigkeit bestimmen (von oft weniger als einem Millionstel des Meßwertes).

Wir wollen bei unseren Betrachtungen mit dem Wasserstoffatom beginnen. Als Ausgangspunkt für die theoretische Berechnung seiner Eigenschaften benutzen wir etwa die Quantenmechanik und vergleichen die Ergebnisse mit den experimentell gemessenen Werten. Dabei finden wir, daß Theorie und Experiment so gut übereinstimmen, daß man keine Diskrepanz bemerkt. Die gegenwärtige Theorie gibt dann eine ausgezeichnete Zusammenfassung aller Fakten, die wir über das Wasserstoffatom wissen, und wie wir gesehen haben, ist diese Weise der Darstellung besonders knapp und umfassend.

Nehmen wir dagegen das nächst einfachere Atom, das Helium, so wird das Problem komplizierter. Der Heliumkern wird von zwei Elektronen umkreist, und jedes einzelne Elektron steht nicht nur unter der Wirkung der elektrischen Anziehung des Kerns, sondern auch unter der abstoßenden Wirkung des anderen Elektrons. Die Tatsache, daß die Elektronen gegenseitig ihre Bewegungen stören, kompliziert also die Situation. Die Anwendung der Quantenmechanik auf das Heliumatom ist daher viel schwieriger als ihre Anwendung auf den Wasserstoff, und erst nach langen und mühsamen Rechnungen war es uns möglich, die tehoretischen Energiewerte und damit das Heliumspektrum zu berechnen. Beim Vergleich der theoretischen Resultate mit dem experimentell gemessenen Spektrum finden wir auch für das Heliumatom die gleiche überzeugende Übereinstimmung wie für das Wasserstoffatom.

Wenn die Theorie für Atome mit ein oder zwei Elektronen stimmt, sollte man vernünftigerweise erwarten, daß sie auch für Atome mit vielen Elektronen brauchbar ist. Das Problem, die Energiezustände zu berechnen, wird jedoch um so schwieriger, je mehr Elektronen vorhanden sind, bis schließlich die Rechnungen so ungeheure Ausmaße annehmen, daß niemand sie bewältigen kann. Rechnungen sind nur für einige der einfachsten Atome mit hoher Präzision durchgeführt worden. Für gewisse Energiezustände auch der schwereren Atome kann man mit einem annehmbaren Aufwand noch Rechnungen durchführen; in all diesen Fällen stimmt die Theorie mit der Beobachtung in vernünftigen Grenzen überein.

Wir können daher von der quantenmechanischen Atomtheorie vielleicht sagen, daß sie im Prinzip alles erfaßt, was wir über das

Atom (außerhalb des Kerns) wissen. Sollte jemand Zweifel anmelden und erklären, er glaube nicht, daß die Theorie beispielsweise auf das Eisenatom anwendbar sei, so könnten wir ihm keinen bündigen Beweis für das Gegenteil geben. Das Eisenatom hat 26 Elektronen, und jedes von ihnen wird nicht nur durch den Kern, sondern auch durch seine 25 Gefährten beeinflußt. Man hat viele Tausende von Spektrallinien im Eisenspektrum gemessen. Die Prozedur der Berechnung eines komplizierten Atoms ist im Prinzip nicht schwierig zu beschreiben, jedoch ist das Leben eines Mathematikers zu kurz und die Kapazität eines Computers zu klein, um die Berechnungen genau genug durchführen zu können. Daher können wir dem Zweifler nur antworten, daß die Theorie bei all jenen Atomen stimmte, für die wir in der Lage waren, exakte Vergleiche anzustellen, und daß wir daher auch keinen Grund sehen, warum sie nicht auf das Eisenatom anwendbar sein sollte. Solange der Zweifler keine gewichtigen Gründe für die gegenteilige Meinung angeben kann, obliegt es ihm, die entsprechenden Rechnungen durchzuführen, um zu zeigen, daß sie nicht mit den gemessenen Resultaten übereinstimmen. Nun ist aber das Leben des Zweiflers auch nicht lang genug; dabei ist das Eisenatom mit seinen 26 Elektronen kein ungewöhnlich kompliziertes Atom. Das Uranatom hat 92!

Wenn wir ein Stück Eisen erhitzen, schmilzt es bei etwa 1 500° C und verdampft bei etwa 2 500° C zu einem Gas. Das Erhitzen bewirkt, daß die Bewegungen der Atome schneller werden; beim Schmelzen wie beim Verdampfen muß die Bewegungsenergie der Atome groß genug sein, um die Kräfte zu überwinden, die sie in einem Festkörper oder einer Flüssigkeit zusammenhalten. Eisengas besteht aus freien Eisenatomen, die sich auf geraden Bahnen bewegen und untereinander zusammenstoßen. Man kann sie mit elastischen Gummibällen vergleichen, die beim Zusammenstoß voneinander abprallen, danach aber geradlinig weiterfliegen. Wenn sich die Geschwindigkeit durch Kühlung verringert, wechselt die Substanz in die flüssige oder die feste Form über. Wird dagegen die Temperatur erhöht, so werden die Stöße so heftig, daß die Atome sich gegenseitig auseinanderbrechen. Bei einer Temperatur von 5 000 bis 10 000° C bewirken die Stöße zwischen den Eisenatomen das Herauslösen einzelner Elektronen aus einzelnen Atomen. Es kommt zur Ionisierung: Das Atom hat ein Elektron verloren, und was übrigbleibt (ein Kern und 25 Elektronen) ist ein positives Ion. Bei einer noch höheren Temperatur verliert das Atom ein weiteres Elektron und wird damit doppelt ionisiert. Bei einer bestimmten Temperatur fehlt jedoch nicht allen Atomen die gleiche Anzahl von Elektronen. So wie einige Atome beim Zusammenstoß Elektronen verlieren, fangen andere wieder Elektronen ein, und im Endergebnis ist ein Teil der Atome neutral, ein anderer einfach ionisiert, ein dritter doppelt ionisiert und so weiter. Bei den tiefen Temperaturen, die wir als »normal« bezeichnen, ist die Wahrscheinlichkeit einer Ionisation gering, und wenn zufällig eine auftritt, fängt sich der Atomkern sofort ein neues Elektron ein. Wir betrachten es daher als »normal«, wenn ein Atomkern eine bestimmte Anzahl von Elektronen um sich hat. Andererseits sind im Innern der Sonne, wo die Temperatur mehr als 10 Millionen Grad Celsius beträgt, Kerne und Elektronen »normalerweise« frei.

Atome bilden Moleküle und Kristalle

Man betrachtet die quantenmechanische Atomtheorie mit Recht als einen der größten Triumphe der Physik. Durch die exakte Beschreibung des Atoms hat sie zwar nicht der gesamten Naturwissenschaft, aber doch weiten Gebieten daraus eine solide Grundlage geliefert; sind doch die Atome die Grundbausteine aller Materie. Wenn wir erst einmal die Eigenschaften der Atome kennen, sind wir in der Lage, die Kräfte, die sie zusammenhalten, und die Gesetze, nach denen sie sich zusammenschließen, zu berechnen. Mit Hilfe der Quantenmechanik können wir dann nicht nur die Eigenschaften der Atome, sondern auch aller aus Atomen aufgebauten Substanzen bestimmen. Wir können verstehen, warum Gold gelb ist und Stahl hart, warum Wasserstoff und Sauerstoff sich zu Wasser verbinden und was passiert, wenn Wasser verdampft oder zu Eis gefriert. Problematisch ist jetzt nur die Aufgabe, im einzelnen zu berechnen, wie die Kräfte vieler Atome zusammenwirken, was oft in einer überaus komplizierten Weise geschieht. Kennen wir jedoch die Grundgesetze des Atomaufbaus, so beherrschen wir schon einmal die Spielregeln.

Die Tatsache, daß einige der Probleme der Kernphysik und der Teilchenphysik noch nicht gelöst sind, ist für die Naturwissenschaft im allgemeinen nicht von entscheidender Bedeutung. Die Kernphysik wird ziemlich scharf von den anderen Zweigen der Physik unterschieden. Für den Aufbau des Atoms ist fast ausschließlich die Kernladung – und bis zu einem gewissen Grade die Masse – von Wichtigkeit. Die innere Struktur des Kerns, die vielleicht noch nicht vollständig geklärt ist, wird nur bei bestimmten außergewöhnlichen Erscheinungen wie dem Zerfall radioaktiver Elemente und der Explosion von Atombomben bedeutsam. Alle »normalen« Begebenheiten kann man jedoch auf die Eigenschaften der Atomhülle zurückführen, und diese haben wir aus der Quantenmechanik abgeleitet.

Wir haben gesehen, daß ein Atomkern normalerweise von einer Anzahl Elektronen umgeben ist, die die gleiche Ladung tragen. Diese Elektronen werden benötigt, um die Kernladung zu neutralisieren. Wenn das Atom auf die eine oder andere Weise ein Elektron verliert, reichen die verbleibenden Elektronen nicht aus, um die positive Ladung des Kerns vollständig zu neutralisieren. Natürlicherweise erstreckt sich daher die Wirkung dieser positiven Ladung über das eigentliche Atom hinaus, und sobald ein Elektron in die nähere Umgebung des Atoms kommt, wird es als möglicher Ersatz für das verlorene Elektron angezogen.

Selbst wenn sich jedoch der Kern mit der richtigen Anzahl Elektronen umgeben hat, beeinflussen noch gewisse Kräfte des Atoms seine Nachbarschaft. Die Stärke dieser Kräfte hängt davon ab, wie symmetrisch die Elektronen um den Atomkern verteilt sind und wie wirksam sie dadurch das Kernfeld abschirmen. In einem Atom neigen die Elektronen dazu, »Schalen« zu bilden. Jede Schale enthält eine bestimmte Zahl von Elektronen, und wenn sie voll besetzt ist, werden die Wirkungen, die über die Elektronen in der Schale hinausreichen, sehr klein. Die innerste Schale, die »K-Schale«, enthält zwei Elektronen, die in großer Nähe vom Kern kreisen. Wenn ein Atom mehr als zwei Elektronen besitzt, müssen sich die zusätzlichen Elektronen in größerem Abstand vom Kern aufhalten. In der »L-Schale« haben acht Elektronen Platz. Wird daher die Zahl der Elektronen in einem Atom größer als zehn, so müssen sich die übrigen in noch größeren Entfernungen vom Kern bewegen und die »M-Schale« bilden. Reicht die Zahl der Elektronen in einem Atom einer gewissen Substanz nicht aus, um eine Schale vollständig anzufüllen, so wird die Elektronenverteilung asymmetrisch und hat zur Folge, daß sehr starke Kräfte in die Umgebung des Atoms dringen. Kräfte dieser Art halten zwei oder mehr Atome in einem Molekül zusammen. Die chemischen Eigenschaften eines Atoms, d. h. seine Fähigkeit, sich mit anderen Atomen zu einem ziemlich komplizierten Molekül zu vereinigen, hängen daher von der Struktur der Elektronenschale ab. Die Kräfte, die Atome in einem festen Körper zusammenhalten, sind auch von dieser Art.

Wenn die äußerste Schale eines bestimmten Atoms komplett ist, »abgeschlossen«, dann ist das Kraftfeld außerhalb des Atoms sehr schwach. So gehen zum Beispiel von den Atomen mit den Kernladungszahlen zwei, zehn und achtzehn – und daher einer entsprechenden Anzahl von Elektronen – nur schwache Kraftfelder aus. All diese Substanzen sind Edelgase: Helium mit zwei Elektronen in der K-Schale, Neon mit zwei Elektronen in der K-Schale und acht Elektronen in der L-Schale und Argon mit zwei Elektronen in der K-Schale, acht in der L-Schale und acht in der M-Schale. Die Kräfte, mit denen solch ein Atom andere Atome beeinflussen kann, sind so schwach, daß eine chemische Verbindung unmöglich wird. Der Name »Edelgase« rührt daher, daß sie immer nur in reiner

Form und nicht in Verbindungen gefunden werden. Ihre Atome ziehen es vor, »frei und unabhängig zu sein«, mit anderen Worten: sie bilden ein Gas. Die Edelgase können nur bei sehr tiefen Temperaturen zu Flüssigkeiten oder festen Körpern kondensieren; die Kräfte, die die Atome zusammenhalten, sind jedoch so schwach, daß schon die bei einer leichten Erwärmung entstehende Bewegung ausreicht, um sie voneinander zu trennen. Das Element wird wieder gasförmig. Die Kraftfelder um die Atome aller Substanzen, die keine Edelgase sind, üben so starke Anziehungskräfte aus, daß diese Atome sich mit anderen Atomen zu Molekülen verbinden können. Das einfachste Beispiel einer Molekülbildung ist die Vereinigung zweier Wasserstoffatome zu einem Wasserstoffmolekül. Solch ein Molekül besteht aus zwei Atomkernen (Protonen) und zwei Elektronen, die gewissermaßen die Protonen zusammenhalten. Die beiden Elektronen bilden eine K-Schale und sind der Grund dafür, daß nur sehr schwache Kräfte von einem Wasserstoffmolekül ausgehen. Bei normalen Temperaturen ist Wasserstoff daher ein Gas. Die Kräfte zwischen den Molekülen reichen zur Bildung einer Flüssigkeit oder eines festen Körpers nicht aus.
Werden dagegen zwei Kohlenstoffatome verbunden, so gehen von ihnen immer noch genügend starke Kräfte aus, um zusätzliche Kohlenstoffatome anzuziehen.
Daher können sie größere Klumpen bilden. Ihre Kohäsion kann in unregelmäßiger Weise vor sich gehen, es kann aber auch eine in hohem Grade symmetrische Struktur, ein Kristall, entstehen. Kohlenstoff in Kristallform kommt als Diamant oder auch als Graphit vor. In einem Kristall sind die Atome in geraden Reihen angeordnet, und diese vollkommene Ausrichtung ist gelegentlich sogar in Kristallen von der Größe des Kohinoor-Diamanten zu finden. Die Kräfte zwischen den Nachbaratomen bestimmen die Härte und den inneren Zusammenhalt des Kristalls. Auch Metalle bilden Kristalle, von denen die meisten jedoch mikroskopisch klein sind. Ein Stück Metall besteht aus einer sehr großen Zahl kleiner zusammengebackener Kristalle.

Oft verbinden sich verschiedene Arten von Atomen zu Molekülen. Natrium und Chlor sind einzeln in reiner Form schwer herzustellen; ihre chemische Verbindung jedoch, Natriumchlorid (Kochsalz), ist, wie wir wissen, eine sehr alltägliche Substanz. Das Natriumatom hat elf Elektronen, zwei in der K-Schale, acht in der L-Schale und eines in der M-Schale. Chlor besitzt siebzehn Elektronen, wobei in der M-Schale sieben Plätze besetzt sind. Das Natriumatom stößt sein äußerstes Elektron ab, so daß die übrigen abgeschlossene Schalen bilden, und das Chloratom nimmt gerne ein Elektron auf, um seine M-Schale zu vervollständigen. Bringt man daher Natrium und Chlor zusammen, so nimmt sich jedes Chloratom ein Elektron von einem Natriumatom und bewirkt daher eine chemische Verbindung von Chlor- und Natriumatomen zu Natriumchlorid.

In ähnlicher Weise können sich ein Sauerstoffatom und zwei Wasserstoffatome zu Wasser verbinden. Der Sauerstoff benötigt zwei Elektronen, um eine Schale abzuschließen, und nimmt sich diese Elektronen von zwei Wasserstoffatomen. Ammoniak (NH_3) ist ein Beispiel für ein Molekül, das aus vier Atomen besteht: Ein Stickstoffatom ist an drei Wasserstoffatome gebunden. Das Molekül der Schwefelsäure (H_2SO_4) besteht aus sieben Atomen. Unter den organischen Substanzen gibt es Moleküle, die Tausende und sogar Millionen von Atomen enthalten.

Ohne Zweifel sind von allen chemischen Verbindungen, die von Atomen gebildet werden können, die organischen Substanzen die interessantesten. Ihr wichtigster Bestandteil ist der Kohlenstoff, der gewöhnlich in Verbindung mit Sauerstoff und Wasserstoff auftritt. Viele enthalten auch Stickstoff und noch weitere Elemente. Was die organischen Substanzen so bemerkenswert macht, ist jedoch nicht die Größe ihrer Moleküle. Man kann zum Beispiel auch einen Kristall einfach als ein Riesenmolekül ansehen; ein Diamant enthält eine unvergleichlich größere Anzahl Kohlenstoffatome als jedes organische Molekül. In einem Diamanten sind jedoch die Atome in monotoner

Regelmäßigkeit angeordnet – sie sind besser ausgerichtet als die Reihen einer Kompanie Soldaten bei der Parade. Die organischen Substanzen haben dagegen eine vielfältige und veränderliche Struktur. Kohlenstoffatome können sich sowohl zu Ringen als auch zu langen, manchmal verzweigten Ketten zusammenschließen, und an dieses Kohlenstoffgerüst werden Sauerstoff, Wasserstoff und viele andere Atomarten angelagert. Der Diamant bekommt seine Härte und seinen Glanz durch seine vollkommene Symmetrie; die organischen Substanzen werden jedoch so sehr viel wertvoller durch ihre Unregelmäßigkeit und die Vielfalt ihrer Kombinationsmöglichkeiten – sie sind die Träger des Lebens. Ein Diamant hat eine feste, dauerhafte Form; die organischen Substanzen dagegen sind vergänglich. Eine lange Kohlenstoffkette kann leicht auseinandergebrochen werden, sie kann aber ebenso leicht verlängert werden. Atome können ihren Ort innerhalb des Moleküls wechseln, und eine bestimmte organische Verbindung verwandelt sich leicht in eine andere. Diese Beweglichkeit und die vielfältigen Möglichkeiten, Verbindungen zu verändern, geben den organischen Molekülen die Fähigkeit, die unglaublich komplizierten Strukturen lebender Wesen zu bilden.
Alle Substanzen – sei es Luft, Wasser, Erde, Stahl, Glas, Holz oder Protein – sind aus Atomen aufgebaut. Da wir ein detailliertes Wissen vom Bau der Atome besitzen, können wir die Kräfte berechnen, mit denen sie sich beeinflussen. Die chemischen Kräfte sind in Übereinstimmung mit der quantenmechanischen Atomtheorie zu berechnen, und daraus können wir die Eigenschaften sämtlicher Substanzen ableiten – zumindest im Prinzip. Wie wir schon erwähnt haben, ist diese Einschränkung »im Prinzip« sehr wichtig. Wir haben gesehen, wie man theoretisch die Entstehung der Spektren und noch andere Eigenschaften der einfachsten Atome berechnen kann, und zwar mit der gleichen Genauigkeit, wie sie die Messung ergibt. Wenn wir kompliziertere Atome betrachten, so gibt es keinen Grund, sie nicht auch theoretisch behandeln zu können; in der Praxis ist jedoch die Arbeit zur Durchführung einer solchen theoreti-

schen Rechnung entmutigend groß. Diese Beschränkung gilt genauso für chemische Kräfte. Mit unserem Wissen über den Aufbau des Wasserstoffatoms haben wir im einzelnen die Bedingungen ausgerechnet, unter denen sich zwei Wasserstoffatome zu einem Wasserstoffmolekül zusammenschließen. So erhielten wir die verschiedenen Eigenschaften dieses Moleküls. Das Ergebnis einer solchen Berechnung stimmt mit den Beobachtungen überein. Für kompliziertere Verbindungen konnten die Rechnungen notwendigerweise nicht ganz so genau durchgeführt werden. Man hat aber keine Abweichung zwischen der Theorie und der Beobachtung gefunden, und es gibt auch keinen Grund, eine solche zu erwarten. Man kann daher sagen, daß im Prinzip die gesamte Chemie mit der Atomtheorie übereinstimmt und die Eigenschaften aller Substanzen theoretisch aus den Grundgesetzen der Quantenmechanik ableitbar sind. In der Praxis werden jedoch die Berechnungen für die meisten Substanzen zu kompliziert. Es ist einfacher, die Eigenschaften eines Stoffes mit den gewöhnlichen Methoden der Chemie zu untersuchen, als sie theoretisch auszutüfteln.

Obgleich dies besonders für die komplizierten organischen Substanzen gilt, ist trotzdem die Benutzung der Quantenmechanik in der organischen Chemie äußerst wichtig. Mit Hilfe der Quantenmechanik haben die Wissenschaftler viele Resultate mit einem deutlichen Bezug zur organischen Chemie und zur Biochemie erzielt.

Die Chemie wurde in ihren Anfängen in anorganische und organische Chemie unterteilt. Man glaubte damals, daß anorganische Substanzen nach gewöhnlichen chemischen Methoden aufgebaut werden könnten, wohingegen zur Bildung organischer Substanzen der Einfluß einer besonderen Kraft, der sogenannten »Lebenskraft«, der *vis vitalis,* notwendig wäre. Heute ist es jedoch offensichtlich, daß es keine solche Grenze gibt, und eine große Zahl organischer Substanzen ist bereits synthetisch hergestellt worden. Das soll nicht heißen, daß uns das schon für alle organischen Substanzen möglich wäre; es gibt viele, die nur durch Lebensprozesse erzeugt werden. Alle Laborergebnisse weisen jedoch darauf hin, daß diese Lücke nur der Kompliziertheit solcher Stoffe zuzuschreiben ist. So komplexe chemische Reaktionen, wie sie in einer Zelle stattfinden, können unter kontrollierten Bedingungen in Reagenzgläsern noch nicht in Gang gesetzt werden. Das heißt aber nicht, daß wir irgendeinen Grund zu der Annahme hätten, diese Prozesse seien von wesentlich anderer Natur als die gewöhnlicher chemischer Reaktionen.

Moleküle bilden Zellen

Wir wollen einmal festhalten, was wir bis hierher bei der Untersuchung der Kette der Komplikationen erfahren haben. Wir haben gesehen, wie zwei so einfache Bausteine wie Atomkerne und Elektronen Atome mit sehr komplizierten Eigenschaften bilden. Dieses wichtige Ergebnis ist ebenso überraschend wie einleuchtend. Eine Anzahl einfacher Bausteine wird zusammengefügt und ergibt nicht nur ihre Summe, sondern auch ihre sogenannten Kombinationen. Es ist nicht wahr, daß ein Ganzes einfach die Summe seiner Einzelteile ist; von entscheidendem Einfluß ist die Art und Weise, in der die Teile angeordnet werden, um »das Ganze« darzustellen. Ein Sauerstoffatom ist nicht einfach ein Atomkern und acht Elektronen, sondern ein Atomkern, umgeben von zwei Elektronen auf einer inneren Schale und sechs Elektronen auf einer äußeren. Es bildet einen Organismus, der in der Lage ist, ganz bestimmte Spektrallinien zu absorbieren oder zu emittieren, bestimmte andere Atome in verschiedenen chemischen Verbindungen an sich zu ketten und an einer Reihe komplizierter Reaktionen teilzunehmen. Alle diese neuen Eigenschaften ergaben sich jedoch wie von selbst. Bei der Konstruktion des Sauerstoffatoms wurde kein neues Bauelement eingeführt; wir können das Sauerstoffatom als ein selbstverständliches Resultat der Eigenschaften seiner Bausteine ansehen; denn bringt man diese zusammen, so muß nach den Gesetzen der Physik genau ein solches Ergebnis eintreten.

Trotzdem ist dieses Ergebnis mit all seinen verwirrenden Eigenschaften noch etwas Unerwartetes, etwas, das unsere Ableitungen nicht vorhersagen konnten. Eine Kombination einfacher Einzelbestandteile hat ein neues Teil mit unzähligen neuen Eigenschaften hervorgebracht.
Im nächsten Schritt sind die Atome die Bausteine, welche die Moleküle aufbauen; auch bei diesem Schritt erscheinen neue Eigenschaften. Wie wir gesehen haben, besteht gewöhnliches Kochsalz, Natriumchlorid, aus Natrium, einem leicht oxidierbaren Leichtmetall, und Chlor, einem ziemlich schweren, grünen, giftigen Gas; es besteht ausschließlich aus diesen beiden Substanzen. Ihre Verbindung hat jedoch vollständig andere Eigenschaften als die Bestandteile.
Damit sind wir beim dritten Glied in der Kette angelangt, der Konstruktion der Zelle. Die Bausteine sind weder Elektronen noch Atome, sondern höchst komplizierte Moleküle, hauptsächlich Proteinmoleküle. Das Ergebnis ihrer Verbindung ist eine lebende Zelle, deren Kompliziertheit, verglichen mit der des Atoms, genauso groß ist wie die des Proteinmoleküls, verglichen mit der des Elektrons.
Man sollte jedoch darauf hinweisen, daß diese Analogie zwischen der Zusammensetzung des Atoms und der Zelle etwas irreführen könnte. Wir können zwar im einzelnen verstehen, wie das einfachste Atom aus Elementarteilchen aufgebaut ist und daß generell Atome durch Kombination solcher Teilchen gebildet werden – wir haben aber selbst bei der einfachsten Zelle kein wirklich detailliertes Bild ihres Aufbaus, weil sie so kompliziert ist. Konsequenterweise gibt es nur geringe Hoffnung, lebende Zellen synthetisch herzustellen, zumindest für die nächste Zukunft. Wird es überhaupt jemals möglich sein?
Wie wir im vorhergehenden Abschnitt erwähnten, gab es eine Zeit, in der man allgemein prinzipiell zwischen »lebender« und »toter« Materie unterschied, und auch heute tun es noch manche. Aus dieser Sicht konnte eine Zelle nicht einfach als eine Verbindung von Molekülen erklärt werden, sondern es mußte etwas Neues dazugenommen werden – die *vis vitalis*. Eine Zelle

gehorchte daher nicht vollständig den physikalischen (oder chemischen) Gesetzen; statt dessen war die »Lebenskraft« die wahre regierende Komponente, die diese Gesetze in einer bestimmten »zweckmäßigen« Weise zu arbeiten veranlaßte.
Man kann natürlich nicht behaupten, daß die Zelle einfach einen Haufen Moleküle darstellt. Es ist offensichtlich, daß etwas Neues erscheint, wenn eine Zelle aus Molekülen geschaffen wird. Es ist aber genauso offensichtlich, daß ein Atom nicht einfach eine Summe von Elementarteilchen darstellt. Wenn diese Teilchen sich zur Bildung eines Atoms vereinigen, erscheint automatisch etwas Neues. Das ist die Kombination der Teilchen, ihre Wechselwirkung, die dem Atom viele neue Eigenschaften verleiht, die die einzelnen Bestandteile nicht besitzen. Ein einfaches Beispiel zur Erklärung dieses Prinzips ist das folgende: Wir nehmen drei gerade Linien gleicher Länge (die Gerade ist ja eines der einfachsten Elemente der Geometrie). Wenn wir sie zu einem gleichseitigen Dreieck anordnen, so ergibt sich eine Reihe neuer und unerwarteter Aspekte. Die Summe der Winkel ist gleich der zweier rechter Winkel, die Höhe des Dreiecks ist $\frac{1}{2}\sqrt{3}$ mal der Länge einer der Seiten und so fort. Wenn wir fortfahren, mehrere gleichseitige Dreiecke gleicher Größe zu vereinigen, so können wir gerade drei Körper daraus bauen: das Tetraeder, das Oktaeder und das Ikosaeder mit 4, 8 bzw. 20 Seiten. Wenn jemand daran zweifelt, daß eine einfache Verbindung einfacher Elemente neue und unerwartete Eigenschaften hervorbringt, so wird er hiermit aufgefordert, die Beziehungen zwischen den Volumina von Oktaeder und Ikosaeder auszurechnen!
Die offensichtliche Tatsache, daß die Zelle vollständig andere Reaktionsmöglichkeiten als ihre Moleküle besitzt (die niemals so komplex sind), sollte daher nicht als Argument gegen die Möglichkeit benutzt werden, daß eine Zelle vollständig nur aus Molekülen besteht. Eher ist dieses Phänomen ein weiteres und komplexeres Beispiel einer einzigartigen Reaktionsweise, die ausschließlich auf der Wechselwirkung zwischen den aufbauenden Molekülen beruht. Freilich kann man auch nicht bewei-

sen, daß eine »Lebenskraft« nicht existiert; man kann nur sagen, daß kein wirklicher Grund zu der Annahme berechtigt, in der Zelle etwas prinzipiell Neues zu sehen. Je mehr wir die einfachsten lebenden Einheiten und die kompliziertesten »toten« Moleküle untersuchen, um so mehr verwischt sich der Unterschied zwischen ihnen. In der Tat ist die Zelle, die eine sehr komplizierte Struktur hat, nicht wirklich die einfachste lebende Einheit, die wir kennen; zum Beispiel besitzen Chromosomen des Zellkerns einen hohen Grad an Unabhängigkeit. Das Virus, das man einmal für ein sehr einfaches Lebewesen hielt, wird heute allgemein als nicht lebendig angesehen: es stellt eine Zwischenstufe dar.

Bevor Leben auf der Erde existierte, wurden die verschiedenen Elemente, aus denen die Erde besteht, zu mannigfachen chemischen Substanzen verbunden. Für die Zwecke unserer Betrachtung sind die interessantesten Verbindungen die diversen Kohlenstoffverbindungen. Die Kohlensäure der Luft wurde durch das Wasser absorbiert, und unter dem Einfluß der Sonnenstrahlen und dauernder Temperaturveränderungen bildeten sich immer neue Verbindungen von Kohlenstoff, Wasserstoff, Sauerstoff und möglicherweise noch anderen Substanzen. Im Laufe von Millionen von Jahren entstanden vielerlei Kombinationen, von denen die meisten einfach waren; gelegentlich erschienen jedoch einige Moleküle etwas komplizierterer Stoffe. Eines von diesen erlangte dann zufällig die Eigenschaft, gewisse andere Moleküle seiner Umgebung anzulagern und mit ihnen ein neues Molekül mit eigener Struktur zu formen. Dieses Molekül »vermehrte« sich und beherrschte bald den kleinen Teich oder Tümpel, in dem das bescheidene, aber wichtige Ereignis stattgefunden hatte.

Für das Erscheinen des »Lebens« wurde jedoch viel mehr benötigt. Wenn eine Substanz mit der Fähigkeit zur Vermehrung sich sehr ausbreitete, so wurde auch die Möglichkeit sehr viel größer, daß eines ihrer Moleküle sich zufällig änderte. Eine solche Veränderung konnte zum Beispiel eintreten, wenn einige Atome ihre Plätze tauschten oder wenn ein Molekül neue

Atome aufnahm. Meist ging bei solchen Veränderungen zwar die Fähigkeit zur Vermehrung verloren, in einigen der neuen Moleküle blieb diese Fähigkeit jedoch erhalten, und das Ergebnis war eine neue Substanz mit etwas anderen Eigenschaften, die sich indes genauso vermehren konnte.
Zwei oder mehrere solcher Substanzen mit verschiedenen Eigenschaften hatten daneben die Möglichkeit, sich zu einem noch komplizierteren Aggregat zusammenzuschließen, das zu einer großen Zahl verschiedenster chemischer Reaktionen fähig war. Dies waren einfache Organismen.
Unter diesen Organismen setzte bald ein allgemeiner Wettstreit ein. Diejenigen, die sich am schnellsten vermehren konnten und die größte Widerstandskraft gegenüber verschiedenen Änderungen ihrer Umwelt besaßen, hatten die größten Überlebenschancen. Wenn zum Beispiel der See, in dem sie lebten, zufällig austrocknete oder zufror, wurden alle Organismen, die nicht fähig waren, diese Probe zu bestehen, zerstört, und nur die widerstandsfähigsten konnten weiterleben.
Wie bei den Molekülen, so tauchten auch bei den extrem einfachen Organismen diese zufälligen Änderungen auf – Biologen nennen sie Mutationen. Die meisten Mutationen haben eine verringerte Lebensfähigkeit zur Folge, aber gerade diese sind für uns von geringem Interesse, weil die betroffene Gattung im Laufe der Zeit – manchmal sehr plötzlich – verschwindet. Viel wichtiger sind jene Mutationen, die lebenstüchtigere Gattungen hervorbringen, mit einer größeren Fähigkeit, sich zu vermehren oder äußeren Gefahren zu widerstehen. Viele Organismen erlangten diese Fähigkeiten, indem sie komplizierter wurden, wodurch immer komplexere Wesen auftauchten.

Zellen bilden Pflanzen und Tiere

Die Zelle ist der kleinste einheitliche Bestandteil von Pflanzen und Tieren, und ein einzelliger Organismus wie die Amöbe kann daher als typisches, sehr primitives Lebewesen angesehen werden. Die Amöbe ist jedoch keinesfalls die primitivste uns bekannte Lebensform. Sie ist im Gegenteil in gewisser Weise das Endergebnis einer langen Entwicklung – von den Riesenmolekülen zu den ersten Lebewesen. Die weitere Entwicklung von der Amöbe zum Menschen geschah auf einer anderen Stufe und begann damit, daß verschiedene Zellen sich zusammenschlossen. Wir können hoffen, gerade aus dem Studium der reichhaltigen und vielfältigen Welt der Riesenmoleküle und primitiven Mikroorganismen eine genaue Beschreibung der einzelligen Wesen zu bekommen. Wir haben guten Grund zu vermuten, daß der Schritt vom Molekül zur Amöbe mindestens so groß ist wie der Schritt von der Amöbe zum Menschen.

Eine Zelle besteht in der Regel aus einem Zellkern, der von Protoplasma umgeben ist; das Ganze wird durch die Zellwand abgeschlossen. Der Zellkern ist der Träger der wichtigsten Eigenschaften der Zelle, und er steuert die Zellteilung, durch die die Zelle sich vermehrt. Der Kern enthält eine Anzahl langer, faseriger Fäden, Chromosomen genannt, die wiederum lange spiralige Moleküle enthalten. Die Chromosomen sind die Träger der Gene, der Erbfaktoren, die im Prinzip die Reaktionen der Zelle bestimmen. Wenn eine befruchtete Eizelle sich durch fortwährende Teilung in ein vielzelliges Gebilde – eine Pflanze oder ein Tier – entwickelt, so bestimmen dabei die Gene die charakteristischen Eigenschaften dieses Organismus. Man hat gezeigt, daß jeder Erbfaktor entweder selbst ein einzelnes Riesenmolekül darstellt oder an eines gebunden ist. Verwandelt sich ein solches Molekül, so entsteht eine Mutation und verändert auf diese Weise eine oder mehrere Eigenschaften des Wesens, zu dem sich die Eizelle gerade entwickelt. Solche Mutationen können durch biologische Experimente hervorgerufen werden, zum Beispiel, wenn man eine Zelle einer großen Strahlendosis aussetzt; sie treten aber auch in der Natur auf, besonders durch schwache kosmische Strahlung und durch die radioaktiven Strahlen, die man überall findet.

Grundsätzlich vertritt man heute die Auffassung, daß die biologische Entwicklung durch Mutationen in Verbindung mit der natürlichen Auslese erklärt werden kann. Darwins Entwicklungstheorie ist somit in ihren wesentlichen Teilen übernommen worden. Zu Darwins Zeiten wußte man freilich noch nichts von Mutationen. Ihre Entdeckung führte zu erheblichen Modifikationen seiner Theorie, sie hat jedoch auch die wichtigsten Einwände dagegen entkräftet.

Im ganzen verlief die Entwicklung von der Amöbe zum Menschen nach dem gleichen Schema wie die Entwicklung von den Riesenmolekülen zu den Zellen. Wird eine Pflanze oder ein Tier mutiert, so werden bei diesem Vorgang eine oder mehrere ihrer Erbeigenschaften verändert. Danach haben das mutierte Wesen und seine Nachkommen genauso wie die mutierten Moleküle ihre Lebenstüchtigkeit entweder vergrößert oder vermindert. Kann die Art danach weniger gut überleben, so stirbt sie bald aus, und die Mutation war letzten Endes unbedeutend. Wenn jedoch die neue Gattung oder Abart die Fähigkeit erlangt hat, sich leichter zu ernähren, sich wirksamer gegen Feinde zu schützen oder sich schneller zu vermehren, so überrundet sie schrittweise solche Gruppen, die ihre Eigenschaften nicht durch Mutationen verbessern konnten. Durch eine Reihe günstiger Mutationen und den Auswahlprozeß, der beim Existenzkampf stattfindet, erfolgt eine dauernde Weiterentwicklung. Zur selben Zeit findet eine immer größere Differenzierung statt. Eine bestimmte Mutation kann zum Beispiel eine Pflanze befähigen, in einem kalten Klima zu überleben; eine andere kann ihr erlauben, in einer wärmeren Umgebung zu gedeihen. Diese Gattung wird sich dann entsprechend in zwei Arten teilen, eine nördliche und eine südliche, die nicht miteinander konkurrieren. Es ist ebenfalls möglich, daß beide Arten nebeneinander existieren können. Die große Zahl der Arten, die das Reich der Pflanzen und Tiere enthält, zeigt, wie viele verschiedene Gattungen am gleichen Ort miteinander leben können.

Mutation und natürliche Auslese sind die wichtigsten Faktoren für das Auftauchen und die Veränderungen neuer Arten. Es gibt noch einen dritten Faktor, die zweigeschlechtliche Vermehrung, die den Entwicklungsprozeß sehr beschleunigt. Nehmen wir einmal an, daß die Änderung einer Art Mutationen mehrerer verschiedener Gene benötigt. Geht eine Vermehrung in der Natur nur eingeschlechtlich vor sich, so daß jedes Tochterindividuum die Merkmale seiner Mutter erbt, müssen alle Mutationen in dieser geraden Linie der Nachkommen erfolgen. Ist die Vermehrung jedoch zweigeschlechtlich, so erbt jedes Individuum Eigenschaften sowohl von seinem Vater als auch von seiner Mutter und somit möglicherweise alle Mutationen seiner vielen Vorfahren. Die zweigeschlechtliche Vermehrung ist daher für die sehr großen Veränderungen nötig, die für das Auftauchen der komplizierteren Gattungen Voraussetzung sind. Daß wir heute menschliche Wesen sein können, ist der Tatsache zuzuschreiben, daß Mann und Frau immer wieder ihre besten biologischen Erbanlagen zu mischen »verstanden« – sie mischten zwar auch ihre schlechtesten, was aber auf lange Sicht nicht sehr bedeutsam war.

Wenn wir eine Amöbe mit einem menschlichen Wesen vergleichen – wir wollen uns einmal auf diesen besonderen Punkt der langen Kette der Komplikationen beschränken –, scheinen sie auf den ersten Eindruck vollkommen verschieden und ohne jede Beziehung zueinander zu sein. Das Auftreten der verschiedenen Arten erklärte man in frühen Zeiten einfach damit, daß man sagte, ein Gott hätte alle Wesen nach seinem Willen geschaffen. Diese Erklärung konnte aber den Menschen auf die Dauer nicht davon abhalten, die natürlichen Erscheinungen zu untersuchen und zu ordnen. Je mehr er dabei die Zwischenglieder in der Kette von der Amöbe zum Menschen studierte, um so mehr gewann er die Überzeugung, daß die Kette nicht nur sehr lang ist, sondern daß auch jedes Glied mit dem vorhergehenden und dem folgenden eng verbunden ist. Es gibt noch viele fehlende Glieder, die jedoch aller Wahrscheinlichkeit nach unserem unvollkommenen Wissen zuzuschreiben sind. Heute zweifelt wirklich niemand mehr ernsthaft daran, daß ein einzelliges Tier sich auf einem langen und komplizierten Weg

in vielzellige und immer kompliziertere Wesen entwickelte, zu denen auch der Mensch gehört.
Wenn wir uns nur diese eine Tatsache vorstellen, daß nämlich die Amöbe sich in etwas so genial Aufgebautes wie den Menschen entwickelt hat, dann scheint es nahezuliegen, eine besondere Kraft müsse die Entwicklung genau in diese Richtung gelenkt haben. War diese Kraft Gott oder vielleicht nur die harmonische Entwicklung der Natur in höhere Formen? Vielleicht arbeitet die Natur nach dem Prinzip: »Warum es einfach machen, wenn es auch umständlich geht?«
Die einfachste Antwort ist natürlich die, daß Gott oder irgendeine andere »Kraft« die Entwicklung auf ein bestimmtes Ziel ausrichtete. Unsere eigene Wertschätzung erleichtert uns dabei die Vorstellung, daß wir selbst dieses Ziel, die »Krone der Schöpfung«, sind. Betrachtet man diese Perspektive im großen, mit der Amöbe als Ausgangspunkt und dem Menschen als Endpunkt, erscheint sie nur zu natürlich; sobald wir uns jedoch auf die Einzelheiten zu konzentrieren beginnen, sehen wir, daß sie unhaltbar ist. Es entsteht die Frage: Wie kann ein übernatürlicher Eingriff vor sich gehen? Denn wenn die Naturgesetze ohne Ausnahme gültig sind, gibt es keinen Platz für einen solchen Eingriff.
Es stimmt zwar, daß das gesamte riesige Forschungsgebiet der biologischen Entwicklung noch weit davon entfernt ist, so vollständig bearbeitet zu sein, daß es uns möglich wäre, mit Sicherheit jede Einzelheit dieser Entwicklung zu rekonstruieren; wir beginnen jedoch die wichtigsten Faktoren dabei zu verstehen. Wir fangen an zu sehen, daß das Ehrfurcht gebietende Wunder der Entwicklung von der Amöbe zum Menschen – denn es ist ohne Zweifel ein solches Wunder – nicht das Ergebnis eines mächtigen Schöpferwortes, sondern einer Aneinanderreihung kleiner, scheinbar unbedeutender Vorgänge war. Die strukturelle Veränderung eines Moleküls innerhalb eines Chromosoms, das Ergebnis eines Streites zweier Tiere um Futter, die Erzeugung und Ernährung der Nachkommen – das sind die einfachen Vorgänge, die zusammen im Laufe von Millionen

von Jahren das große Wunder schufen. Da ist nichts, was sich vom gewöhnlichen Leben unterscheidet. Das Wunder geschieht in unserer täglichen Welt, wenn wir nur die Fähigkeit haben, es zu sehen.

Wir wissen ebenso, daß es nicht korrekt ist zu sagen, die Amöbe habe sich in ein menschliches Wesen entwickelt. Wie wir im vorhergehenden Abschnitt feststellten, ist die heutige Amöbe das Ergebnis eines genauso langen Prozesses wie der, welcher die Menschen hervorgebracht hat. Beide gehen auf eine primitive Zelle zurück. Eine Serie von Mutationen erzeugte dann nach Hunderten von Millionen von Jahren die Menschen, eine andere Serie die gegenwärtige Amöbe. Im zweiten Prozeß erfolgte unter Umständen nicht einmal eine wachsende Verkomplizierung, sondern eher eine Vereinfachung. Erhöhte Überlebensfähigkeit ist das entscheidende Merkmal bei der Bestimmung, ob aus einer Mutation – oder einer Mutationsserie – ein biologisch dauerhaftes Ergebnis entstanden ist, und eine Vereinfachung kann diese Fähigkeit sicherlich vergrößern. Wenn zum Beispiel ein Mensch seinen Wurmfortsatz durch eine Mutation verlöre, so würde sein Bau vereinfacht und gleichzeitig besser angepaßt sein; wäre dadurch doch die Gefahr ausgeschaltet, an einer Blinddarmentzündung zu erkranken oder gar zu sterben.

Der größte Unterschied zwischen einer Veränderung, die komplizierte Wesen hervorbringt, und einer, die das nicht tut, besteht darin, daß die erstere mehr Aufmerksamkeit auf sich zieht. Biologische Vereinfachungen geschehen ebenso häufig wie Verkomplizierungen, und nur weil die Menschen das Komplizierte soviel interessanter finden, kamen sie zu der Überzeugung, daß diese Veränderungen eine Art von Vorrang besitzen müßten.

Es gibt daher nicht nur keinen Grund, nach einer bestimmten »Kraft« zu suchen, die die Dinge immer komplizierter macht, sondern wir sehen eigentlich, wenn wir den Aufbau des gesamten Universums betrachten, daß diese Prozesse der Verkomplizierung sehr in der Minderzahl sind. Nukleonen bestehen noch in der Form freier Protonen, d. h. Wasserstoffkernen, und nur eine relativ kleine Zahl ist in schwereren Atomkernen gebunden. Im Universum gibt es weit mehr freie Elektronen als an Atome gekoppelte, und freie Atome sind häufiger als in Molekülen gebundene. Auf der Erde sind jedoch die meisten Elektronen in Atomen gebunden und die meisten Atome in Molekülen. Das liegt an der Tatsache, daß diese Verbindungen unter den speziellen Verhältnissen auf der Erde (wie Temperatur, Druck und anderen) stabil sind. Umwandlungen vom einfachen Zustand zu einem komplizierteren geschehen leichter als umgekehrt. Herrschen im Universum die freien Protonen vor, so dominieren auf der Erde die freien Moleküle und überwiegen bei weitem die, die sich zu Zellen vereinigt haben. Von den Zellen jedoch sind weit mehr in komplizierteren Organismen zusammengeschlossen, als frei oder einzeln existieren. Diese Verhältnisse haben sich aus dem Wettstreit zwischen aufbauenden, differenzierenden Prozessen und abbauenden, vereinfachenden Prozessen ergeben.

Die Bildung von Gesellschaften

Der letzte Schritt in der langen Kette der Komplikationen besteht im Zusammenschluß von Pflanzen oder Tieren zu Gesellschaften. Am auffallendsten erkennt man die Bildung von Gesellschaften bei den Tieren und dort besonders beim Menschen, aber auch in der Pflanzenwelt sind solche Beziehungen sehr wichtig.
Bei den Pflanzen geschieht es oft, daß die eine Pflanze entweder ganz oder teilweise auf Kosten der anderen lebt: Sie ist Parasit und saugt Nahrung aus ihrer Wirtspflanze. Oder zwei Pflanzen leben in Symbiose, wobei sie sich gegenseitig in ihrer Ernährung ergänzen oder einander auf andere Weise helfen. Ein geläufiges Beispiel einer Symbiose finden wir bei jenen Bakterien, die auf den Wurzeln von Erbsenpflanzen leben und dort kleine Knöllchen bilden. Diese Bakterien bekommen ihre Nahrung von der

Erbsenpflanze; da sie jedoch den Stickstoff direkt aus der Luft aufnehmen können, wozu die Pflanze nicht fähig ist, helfen sie ihr durch die Versorgung mit Stickstoffverbindungen.

Nach diesem einfachen Beispiel einer symbiotischen Zusammenarbeit zwischen zwei verschiedenen Pflanzen können wir uns komplizierteren Formen der Kooperation zuwenden. Die Wissenschaft, die das Zusammenleben der Pflanzen behandelt, wird Ökologie genannt, und je mehr sie sich entwickelt, um so deutlicher zeigt sie uns, wie ungeheuer kompliziert die Wechselwirkungen zwischen verschiedenen Pflanzen eines Waldes oder einer Wüste sind. Eine Pflanze braucht zum Gedeihen nicht nur ein günstiges Klima und gute Erde, sondern ebenso gute Nachbarn, die, wenn sie sich auch bis zu einem gewissen Grad bekämpfen, sich gegenseitig entscheidende Hilfe leisten.

Innerhalb des Tierreichs finden wir vielerlei verschiedene Beispiele von Vereinigungen, die zum Zwecke gegenseitiger Hilfeleistung gebildet werden. Die kleinste soziale Einheit ist die Familie. Die Mutter oder beide Eltern geben den Jungen Nahrung und Schutz; beides sind lebenswichtige Dinge zur Erhaltung der Art. Vorteilhafter sind etwas größere Vergesellschaftungen. Ein Rudel Wölfe findet sich zusammen, um erfolgreicher zu jagen; Wildschweine oder Elefanten bilden Herden, um sich gegenseitig gegen Feinde zu schützen. Wildkatzen und Löwen finden es dagegen günstiger, allein zu jagen, und auch Hasen können sich nicht deshalb besser verteidigen, daß sie zu mehreren auftreten. Vielleicht gab es im Laufe der Entwicklung eine Zeit, in der ein Mitglied der Katzenfamilie mit der Neigung, in Rudeln zu jagen, auftauchte. Da diese Methode jedoch weniger Nahrung pro Tier ergab und auch sonst keine Vorteile bot, verschwand diese Abart bald wieder.

Für einige Tiere hat es sich als zweckmäßig erwiesen, sehr umfangreiche, gut organisierte Gesellschaften zu bilden. Die auffälligsten sozialen Zusammenschlüsse finden wir bei den Ameisen, den Bienen und den Menschen.

Es mag zunächst so scheinen, als bestünde ein enormer Unterschied zwischen den Zellverbänden, die wir im vorhergehenden

Abschnitt besprochen haben, und der Vereinigung von Tieren zu Gesellschaften. Die Zellen wachsen zu einer Einheit zusammen, die Menschen, Bienen oder Ameisen dagegen können sich frei bewegen. Wenn wir jedoch auf die lange Kette der Komplikationen zurückblicken, die wir bis hierher von den einfachsten Einheiten, die wir kennen, zu immer komplizierteren Gebilden verfolgt haben, so ist die Bildung von Gesellschaften ein natürlicher letzter Schritt.

In der Tat kann man zwischen den Menschen in einer Gesellschaft und den Zellen eines Körpers viele Vergleiche anstellen. Unter den Zellen findet ständig ein Austausch von Nährstoffen statt, ähnlich dem Austausch von Waren unter den Menschen. Die Nervenzellen im Körper, die dessen verschiedenen Teilen schnelle Botschaften und Befehle übermitteln, entsprechen dem Telegraphen und dem Telephon. Die Spezialisierung der Zellen auf verschiedene Funktionen innerhalb des Gehirns, des Magens oder der Muskeln entspricht der Arbeitsteilung in einer Gesellschaft, die Lehrer, Bauern oder Fabrikarbeiter hervorbringt.

Man sollte sich jedoch vor Augen halten, daß es unzulässig ist – und es könnte in der Tat verheerende Folgen haben –, aus einer Analogie bestimmte Schlußfolgerungen zu ziehen. Obgleich wir gewöhnlich den Menschen als ein »höheres« Wesen ansehen als die Zellen, aus denen er besteht, müssen wir daraus nicht folgern, daß bei dem ständigen Kampf zwischen dem Einzelnen und der Gesellschaft der Staat »auf der richtigen Seite« ist. Wenn wir diese beiden Kontrahenten einmal gegeneinander abwägen, dann stellen wir fest, daß ein vollständig von der Gesellschaft losgelöster Mensch nicht mehr Mensch ist. Der Ruf »Zurück zur Natur« ist zwar heilsam beim Kampf gegen das wachsende Übergewicht der Gesellschaft; die Tatsache, daß wenige ihm folgen, zeigt jedoch, wie groß die Vorteile in Wirklichkeit sind, die eine Gesellschaft bietet.

Die Frage, ob eine Demokratie oder eine Diktatur die dauerhafteste Gesellschaftsform darstellt, kann man natürlich nicht durch eine Analogie mit dem menschlichen Körper beantworten. Es könnte zum Beispiel so scheinen, als würde der Körper von einer strengen Diktatur beherrscht, weil ja in der Tat das Gehirn den verschiedenen Teilen des Körpers willkürlich Befehle erteilen kann. In Wirklichkeit sind jedoch der Macht des Gehirns strenge Grenzen gesetzt, da die Körperteile wirksame Mittel besitzen, Befehle zu verweigern. Wenn das Gehirn den Beinen den Befehl erteilt, eine Anzahl Kilometer zu laufen, so erheben die Beinmuskeln mit der Zeit immer stärkeren Protest: in Form von Müdigkeit und Schmerz, bis der Protest zur Meuterei wird. Die Beine geben der Müdigkeit nach und weigern sich, der Diktatur noch länger zu gehorchen. Schließlich bricht die allgemeine Revolution aus. Die Rolle des Gehirns wird aufgehoben, bis sein Besitzer die Müdigkeit durch Schlaf überwunden hat.

Der große Vorteil, den das zentrale Nervensystem dem Tier bietet, ist die Fähigkeit, schneller zu reagieren, ein Faktor von entscheidender Wichtigkeit beim Kampf um das Überleben. Mindestens ein Grund für die Entwicklung eines solchen Nervensystems war die Notwendigkeit, anzugreifen und zu verteidigen. In ähnlicher Weise gaben die gleichen Bedürfnisse den Anstoß zur Entwicklung der menschlichen Gesellschaft. Eine starke Regierungskraft ist in all den Staaten nötig, die oft um ihre Existenz kämpfen müssen. Je stärker die regierende Kraft, um so größere vorübergehende Vorteile bringt sie mit sich; da jedoch, auf die Dauer gesehen, eine freiwillige Zusammenarbeit ohne den Zwang des Staates wirksamer ist, sind die Vorteile der Diktatur in der Tat nur vorübergehender Natur. Die Bedürfnisse einer Gesellschaft könnte man daher in einem Gleichgewicht zwischen den Erfordernissen auf lange Sicht und den kurzzeitigen oder dringenden Notwendigkeiten erfüllt sehen; bis zu einem gewissen Grade ist dieses Gleichgewicht einer der Gründe für das Abwechseln von Demokratie und Totalitarismus.

Wenn man von dieser Grundlage ausgeht, kann man natürlich niemals vorhersagen, ob Demokratie oder Diktatur die endgültige Form der Gesellschaft sein wird. Von größter Wichtigkeit ist jedoch die Tatsache, daß die biologische Entwicklung im Augenblick einen einzigartigen Zustand erreicht hat. Man kann vielleicht erwarten, daß in nicht zu langer Zeit – wenigstens innerhalb weniger Generationen – die gesamte Welt zu einem einzigen Staat vereinigt sein wird, einfach deshalb, weil die gegenwärtige Teilung in verschiedene Staaten nicht stabil ist und zu oft kriegerischen Auseinandersetzungen führt. In solch einem vereinigten Staat bestünde kein wirklicher Grund für eine Diktatur; denn es gäbe keine konkurrierende Nation, gegen die man zu kämpfen hätte. Mit dem Auftreten von Gesellschaften hat sich jedoch zum erstenmal im Laufe der biologischen Entwicklung die Notwendigkeit der maximalen Leistungsfähigkeit für den einzelnen Organismus verringert. In einer solchen Atmosphäre kann ein zu allem Bösen fähiger Diktator bestehen, solange nur der Staat innerlich stabil bleibt; unglücklicherweise liegt die Kunst, eine solche Stabilität aufrechtzuerhalten, innerhalb der Möglichkeiten des Diktators.

3 Atome und Menschen

Die Sinnesorgane als physikalische Instrumente

Wir haben die lange Kette verfolgt, die von den Elementarteilchen und Atomen zu so komplizierten Wesen wie den Menschen führte. An dieser Stelle könnte man fragen, ob die Entwicklung uns aus dem Reich der Atome herausgeführt hat oder ob atomare Ereignisse immer noch einen direkten Einfluß auf den Mechanismus menschlichen Lebens besitzen. Wir können diese Frage vielleicht beantworten, wenn wir kurz das Funktionieren unserer Sinnesorgane untersuchen.

Will ein Physiker die Intensität eines Lichtstrahles messen, dann bedient er sich oft einer Photozelle. Beleuchtet man sie, so erzeugt sie einen elektrischen Strom, der der Intensität des Lichtes proportional ist. Ist das Licht zu schwach, um in einer gewöhnlichen Photozelle einen meßbaren Effekt hervorzurufen, so kann man diese an einen Verstärker anschließen, etwa von der Art, wie er zur Verstärkung von Signalen in einem normalen Rundfunkgerät benutzt wird. Mit einer Photozelle und angeschlossenem Verstärker ist es nun möglich, außerordentlich schwache bzw. geringe Lichtintensitäten nachzuweisen. Einen noch größeren Verstärkungseffekt erzielen wir, wenn wir die Photozelle durch einen Photomultiplier oder eine andere lichtempfindliche Röhre ersetzen – durch Instrumente, mit denen man die Empfindlichkeit schließlich so weit steigern kann, daß einzelne Photonen nachgewiesen werden können. Wie wir am Anfang des zweiten Kapitels feststellten, besteht das Licht – betrachtet man seinen Teilchencharakter – aus einem Photonenstrom. Die kleinste Lichtmenge, die man theoretisch nachweisen kann, wäre ein Photon, weil kleinere Lichtmengen einfach nicht existieren. Ein Photon kann man allerdings nicht direkt feststellen; seine Existenz wird auf andere Weise offenbar. Ein Photon kann zum Beispiel mit einem Elektron zusammenstoßen, das dadurch in Bewegung versetzt wird – eine Bewegung, die man auf verschiedene Weise messen kann. Photonen der Röntgen- und Gammastrahlung sind so energiereich, daß Elektronen, mit denen sie zusammenstoßen, hohe Geschwindigkeiten annehmen und relativ leicht nachzuweisen sind. Mit den empfindlichsten Instrumenten, die wir zum Nachweis der Gammastrahlung besitzen, können wir von fast jedem Photon, das ins Meßgerät eintritt, ein Signal bekommen, wodurch es uns möglich ist, direkt die Zahl der ankommenden Photonen festzustellen. Mit dieser Methode haben wir freilich die Grenze des theoretisch Möglichen erreicht. Die Photonen des sichtbaren Lichtes haben indes eine viel geringere Energie; daher ist ihre Fähigkeit, Elektronen zu meßbaren Bewegungen zu veranlassen, vermindert. Selbst wenn wir die besten heute verfügbaren Instrumente verwenden, können wir im Durchschnitt nur jedes fünfte oder zehnte Photon nachweisen.

Was leistet nun das menschliche Auge, verglichen mit einem dieser hochempfindlichen Instrumente? Wir wissen, daß sich die Empfindlichkeit des Auges sehr stark mit den äußeren Bedingungen ändert. Im hellen Sonnenlicht ist sie herabgesetzt, bei sehr schwacher Beleuchtung ist sie am größten, aber erst dann, wenn das Auge Zeit hatte, sich zu adaptieren, sich anzupassen. Der Grad der Empfindlichkeit hängt außerdem von der Farbe ab: so ist er im gelben Bereich des Spektrums am höchsten, im roten und blauen niedriger. Um die Empfindlichkeit des Auges unter den günstigsten Bedingungen zu messen, lassen wir es sich an die Dunkelheit anpassen und messen dann die Empfindlichkeit gegenüber gelbem Licht. Untersuchungen dieser Art haben gezeigt, daß das schwächste vom Auge wahrnehmbare Lichtsignal gerade den wenigen (5-10) Photonen entspricht, die durch die Pupille eintreten und auf die Netzhaut treffen. Das Auge zeigt daher unter den günstigsten Bedingungen die höchste physikalisch mögliche Empfindlichkeit.

Die Netzhaut des Auges enthält eine lichtempfindliche Substanz, das Sehpurpur, das durch auftreffendes Licht verändert wird. Die so umgewandelte Substanz verursacht einen Sinnesreiz, der zum Gehirn gesandt und dort als Licht wahrgenommen wird. Treten mehrere Photonen durch die Pupille, kann man erwarten, daß nicht mehr als ein oder zwei die lichtempfindliche Substanz treffen, wobei ein Photon immer nur ein einziges Molekül des Sehpurpurs verändert. Daher entspricht der kleinsten Lichtmenge, die vom Auge wahrgenommen werden kann, die Umwandlung eines einzigen Moleküls – höchstenfalls sind es zwei oder drei.

Das Funktionieren des Auges hängt, wie wir sehen, direkt von atomaren Ereignissen ab: Ein einzelnes Lichtquant kann offenbar – unter den günstigsten Bedingungen – vom menschlichen Auge entdeckt werden.

Die Empfindlichkeit des Ohres liegt ebenfalls an der untersten Schwelle des physikalisch Möglichen. Wenn ein Physiker einen Ton messen will, benutzt er ein Mikrophon in Verbindung mit einem Verstärker. Treffen Schallwellen die Membran des Mikrophons, so erzeugen sie Schwingungen, die ihrerseits elektrische Ströme hervorrufen, und sie kann man verstärken. Je empfindlicher Mikrophon und Verstärker, um so schwächer darf der Schall sein, den man nachweisen will. Die erreichbare Grenze wird dabei durch die Wärmebewegung festgelegt; denn sobald ein Körper eine höhere Temperatur als $-273°$ C besitzt, befinden sich seine Moleküle nicht mehr in Ruhe. Die Membran des Mikrophons wird von den Luftmolekülen getroffen und dabei in Bewegung versetzt, ja, darüber hinaus erzeugen die Moleküle der Membran selbst noch zusätzliche unregelmäßige Schwingungen. Wenn diese Schwingungen auch außerordentlich schwach sind, so lassen sie sich mit den heutigen hochentwickelten Meßtechniken doch nachweisen. Ein Geräusch, das in der Membran des Mikrophons kleinere Schwingungen hervorruft als die als Rauschen hörbare Wärmebewegung, läßt sich physikalisch natürlich nicht mehr feststellen. Wir können daher vernünftigerweise eine Schwingung erst als Schall bezeichnen, wenn sie stärker als die Wärmebewegung ist. Mit einem empfindlichen Mikrophon und einem Verstärker ist es da-

her möglich, jeden Schall nachzuweisen, dessen Schwingung einige Male größer ist als die der Wärmebewegung.
Die schallempfindlichen Teile des Ohres haben ihren Sitz im Innenohr. Trifft ein Geräusch die Membran des Trommelfells, wird es ins Innenohr weitergeleitet, wodurch die schallempfindlichen Teile zum Schwingen angeregt werden: Das Lebewesen hört. Die Empfindlichkeit des Ohres verändert sich mit der Tonhöhe: sie ist am größten, wenn der Ton einige hundert Mal pro Sekunde schwingt. Die minimale Stärke, die ein Schall dieser optimalen Tonhöhe haben kann, um noch wahrgenommen zu werden, entspricht etwas größeren Schwingungen als der Wärmebewegung im Innenohr. Von ihr werden – wie alles andere auch – die schallempfindlichen Teile des Ohrs beeinflußt, die daher dauernd kleine Vibrationen ausführen. Wenn dieser »natürliche Zustand« durch ein Geräusch, das unser Ohr trifft, gestört werden soll, so müssen die Schwingungen des Schalls nur einige Male größer sein als die Wärmeschwingungen. Ein akustisches Signal kann daher wahrgenommen werden, wenn es im Innenohr der oben angegebenen physikalischen Definition von Schall entspricht. Das äußere Ohr hätte allerdings dafür gebaut werden können, noch mehr Schall aufzunehmen, und der Gang in das Innenohr hinein hätte noch effektiver gestaltet werden können. Ein weiterer Vorteil wäre außerdem eine gleiche Empfindlichkeit des Ohres für hohe und tiefe Töne gewesen. Ungeachtet dieser hypothetischen Betrachtungen sind jedoch die schallempfindlichen Organe des Innenohres im ganzen so empfindlich für Töne innerhalb des optimalen Tonbereiches wie jedes physikalische Gerät, das man für diesen Zweck entwerfen würde. Das Ohr funktioniert innerhalb der Grenzen, die durch die beteiligten atomaren Prozesse bestimmt werden.
Der Geruchssinn unterscheidet sich von den beiden anderen dadurch, daß es bei ihm schwieriger ist, seine Empfindlichkeit in ähnlich präzisen Begriffen atomarer Prozesse zu erfassen. Die theoretisch kleinstmögliche Menge einer Substanz ist ein Molekül. Um einen Geruch wahrzunehmen, ist es jedoch nötig,

daß eine große Anzahl von Molekülen die Nasenschleimhaut trifft. Diese Tatsache könnte uns daher zu der Bemerkung verleiten, daß alle Leute – wie der alte Fischer in einem alten schwedischen Märchen – gut sehen, gut hören, aber entsetzlich schlecht riechen können. Eine solche Feststellung ist jedoch wahrscheinlich irreführend, da die Menge einer Substanz, die der Nase das Erlebnis des Riechens vermittelt, meist zu klein ist, als daß ein Chemiker sie entdecken könnte.
Man kann die direkte Beziehung des menschlichen Körpers zur atomaren Welt, wie sie an der Wirkungsweise von Auge und Ohr aufgezeigt wurde, vielleicht als ein wertvolles und gut verwaltetes Erbteil unserer ältesten Vorfahren ansehen. Diese waren die Organismen, die nur aus wenigen Molekülen bestanden und sich von der Amöbe genausoviel unterschieden wie diese sich von uns.

Das Nervensystem und die elektrische Impulstechnik

Die wachsende Verzweigtheit des Nervensystems ist für die Entwicklung der höheren Lebewesen von entscheidender Wichtigkeit gewesen, besonders aber für den menschlichen Organismus. Der Mensch ist nicht durch überragende Körperkräfte, größere Behendigkeit oder besonders starke Vermehrung zum Herrn der Erde geworden; man kann seine Überlegenheit im wesentlichen auf die Tatsache zurückführen, daß sein Nervensystem dem aller anderen Tiere überlegen ist. Die ungeheure Organisation von Nervenzellen in seinem Gehirn hat ihn zu einem klugen, kontemplativen und systematischen Lebewesen werden lassen, und im Kampf um die Vorherrschaft sind diese Eigenschaften eben entscheidender als die physische Stärke des Elefanten oder die Behendigkeit des Tigers gewesen.
Die große Bedeutung des Nervensystems liegt in seiner Fähigkeit, die Reaktionen der verschiedenen Teile des Körpers zu koordinieren. Die einzige Zelle des Einzellers wird von der Außenwelt direkt beeinflußt. Seine Fähigkeit, Nahrung festzu-

stellen oder ein Gift zu meiden, ist ein Ergebnis der direkten Wirkungen dieser Substanzen auf diese Zelle. In einem Vielzeller können nur die Zellen auf seiner Oberfläche direkt von außen beeinflußt werden; wenn jedoch das gesamte Tier richtig reagieren soll, ist es nötig, daß die Reize von außen auf irgendeine Weise allen Zellen mitgeteilt werden. Diese Mitteilung geschieht zum Teil auf chemischem Wege; denn die Zellen beeinflussen sich gegenseitig durch einen kontinuierlichen Austausch von Substanzen. Der chemische Austausch zwischen den Zellen geht jedoch besonders in höheren Tieren sehr langsam vor sich, da die entsprechenden Substanzen Zeit brauchen, um durch den Organismus zu diffundieren. Um der Notwendigkeit einer direkten Kommunikation zwischen den Zellen Rechnung zu tragen, entwickelten sich gewisse Zellen zu sehr langen, fadenähnlichen, sehr reizbaren Gebilden – den Nervenzellen. Ein Reiz an einem Ende einer Nervenzelle verursacht fast augenblicklich eine Störung in der gesamten Zelle. Verbindet eine Nervenfaser zwei Organe des Körpers auf diese Weise, kann der Zustand des einen sehr schnell dem anderen mitgeteilt werden.

Wird das eine Ende einer Nervenfaser gereizt, so entsteht um den Punkt des Reizes herum eine Störung des normalen chemischen Zustandes. Im Störungsbereich wird dadurch ein System elektrischer Ströme erzeugt, die wiederum den chemischen Zustand etwas weiter längs der Faser verändern und dort neue Ströme hervorrufen. Auf diese Weise entsteht ein elektrochemischer Impuls, der sich längs des Nervenstranges mit einer Geschwindigkeit fortpflanzt, die bei Warmblütern 50 Meter pro Sekunde beträgt. Wenn der Impuls das andere Ende des Nervenstranges erreicht hat, kann er einen Muskel erregen, so daß dieser sich beispielsweise zusammenzieht. (Dieser Mechanismus ist es, der einen Menschen aufspringen läßt, wenn er einen elektrischen Schlag erhält.) Die Erregung eines anderen Nervs kann in einer Drüse eine verstärkte Aktivität hervorrufen; es werden zum Beispiel Speichel und Magensäfte abgesondert, wenn gewisse Nerven den Zustand »Hunger« signalisieren. Am interessantesten ist dabei vielleicht die Tatsache, daß ein Impuls in einem Nerv zu mehr als einer Nervenzelle geschickt werden kann. Dieser Vorgang findet in den sogenannten Synapsen statt, Verzweigungspunkten, in denen eine Anzahl verschiedener Nervenzellen zusammentrifft. Ein Reiz, der von einem Teil des Körpers kommt, kann daher über das sehr verzweigte Nervensystem gleichzeitig in viele verschiedene Organe übertragen werden und in diesen ein oft sehr kompliziertes System von Reaktionen hervorrufen.

Jeder bei der Reizung einer Nervenzelle ausgesandte Impuls hat eine gewisse Intensität und Dauer, unabhängig von der Intensität und Dauer des Reizes selbst. Ein Reiz kann aber sehr schwach, sehr stark oder mittelmäßig sein; die Wirkung dieses Stärkegrades auf den Impuls besteht nun in einer Beeinflussung der Impulsfrequenz, d. h. der Zahl der Impulse, die pro Sekunde durch den Nerv wandern. Von einem Sinnesorgan in der Haut zum Beispiel sendet ein Nerv im Normalzustand keine Impulse zu den großen Empfangszentren in der Wirbelsäule und im Gehirn. Empfängt der Hauptrezeptor jedoch einen schwachen Reiz, so übermittelt der Nerv in langsamer Folge Impulse. Das Gehirn registriert, solange der Reiz anhält, diese Signale als schwache Schmerzempfindung. Verstärkt man den Reiz, so wächst die Zahl der Impulse pro Sekunde, wobei jeder Impuls jedoch gleich stark ist. Je häufiger die Impulse im Gehirn eintreffen, um so intensiver wird der Schmerz wahrgenommen.

Bei der Betrachtung dieses Sachverhaltes fällt folgende Ähnlichkeit auf: Das elektrische Telegraphensystem der Nerven, das eine sehr schnelle Verständigung zwischen verschiedenen Teilen des Körpers ermöglicht, hat sehr viel mit unserer Anwendung elektrischer Signale gemein, die die Menschheit immer enger zu einem riesigen sozialen, schnell und reizbar reagierenden Organismus verbinden. Interessanterweise benutzt die Elektrotechnik im Prinzip oft die gleiche Art von Mechanismus, die im Nervensystem angewandt wird: Man verwendet für verschiedenartigste Mitteilungen Serien identischer Impulse,

wobei die »Information«, die man weitergeben will, durch die Länge der Intervalle zwischen zwei aufeinanderfolgenden Impulsen ausgedrückt wird.
Diese Ähnlichkeit ist jedoch vielleicht zufälliger, als wir zunächst erkennen. Die Elektronik hat die Übermittlungsmethoden des Nervensystems nicht bewußt kopiert; die Ähnlichkeit ergab sich zwangsläufig, indem die anzuwendende Methode von den gewichtigen Forderungen nach technischer Effektivität diktiert wurde. Es besteht naürlich auch ein großer Unterschied zwischen den für physiologische Mitteilungen notwendigen Bedingungen und solchen, die für elektrische Verbindungen über große Entfernungen Voraussetzung sind. Der entscheidendste Unterschied liegt darin, daß die Nervenimpulse aus elektrochemischen Störungen bestehen, die sich mit einer Geschwindigkeit von kaum 50 Metern pro Sekunde fortpflanzen, wohingegen die in der Nachrichtentechnik verwendeten Signale elektromagnetischer Natur sind und mit Lichtgeschwindigkeit (300 000 Kilometer pro Sekunde) übermittelt werden. Dementsprechend ist ein einzelner Nachrichtentechniker in der Lage, Informationen weiterzugeben, für die Tausende oder sogar Millionen von Nervenzellen benötigt würden. Eine Nervenzelle kann außerdem nur Impulse *einer* Stärke übermitteln; in der Nachrichtentechnik ist es jedoch möglich, Information auch durch eine Veränderung der Signalstärke, genauer: der Amplitude der Nachrichtenwelle, zu befördern. Da diese Methode, die Amplitudenmodulation, technisch sehr einfach ist, wurde sie auch als erste benutzt und ist noch heute gebräuchlich.
In einem gewöhnlichen Telephon verwandelt ein Mikrophon Schallwellen in entsprechende elektrische Ströme. Durch die Telephondrähte wird daher ein direktes elektrisches Pendant des Schalls geschickt und am anderen Ende wieder in Schall zurückverwandelt. Im Fernsprechwesen hat sich bei großen Entfernungen jedoch die Methode, nach der die Nerven arbeiten, als vorteilhaft erwiesen. Vor der Übermittlung wird das elektrische »Bild« der Schallwellen nach einem sehr komplizierten

Verschlüsselungssystem in eine Serie identischer Impulse umgewandelt. Wenn die chiffrierte Nachricht ihr Ziel erreicht, wird sie dechiffriert, d. h. sie wird erst in Wechselstrom und dann in Schall zurückverwandelt.

Sehen und Fernsehen

Wir wollen nun die technologischen Methoden der Bildübermittlung mit den physiologischen vergleichen. An unserem Beispiel aus der Elektronik, dem Fernsehapparat, werden wir die Bedingungen studieren, die zur Bildübertragung in Form von Signalen in einem Kabel nötig sind. Dann werden wir uns fragen, ob diese Bedingungen auch zum Verständnis der Arbeitsweise der Sehnerven herangezogen werden können; denn Sehnerven sind gewissermaßen Kabel, die das Auge mit dem Gehirn verbinden.

Beim Fernsehen wird das zu übermittelnde Bild in etwa 100 000 Punkte zerlegt und jedem Bildpunkt eine Information beigegeben: ob der Punkt hell oder dunkel ist oder (beim Farbfernsehen) welche Farbe er hat. Das gesamte »Telegramm«, das die Daten über Lichtstärke oder Farbe der 100 000 Punkte enthält, ist nicht länger als eine zwanzigstel Sekunde. Wenn das Fernsehen Bewegungen wiedergeben soll, die dem Beobachter natürlich erscheinen, so müssen ungefähr 20 Bilder in der Sekunde gesendet werden.

Der interessanteste technische Aspekt dabei ist die unglaubliche Geschwindigkeit der Nachrichtenübermittlung. Innerhalb einer zwanzigstel Sekunde müssen 100 000 Telegramme gesendet werden, je eines für jeden Bildpunkt. Da die Schärfe des Bildes mit wachsender Zahl der Punkte, in die man es unterteilt, zunimmt, ist das vielleicht wichtigste Ziel, so viele Telegramme wie möglich pro Sekunde – oder wie man gewöhnlich in der Fachsprache sagt, soviel »Information« wie möglich – zu senden. Die Menge der Information, die man mit Hilfe eines elektrischen Stroms mit bestimmten Eigenschaften übermitteln

kann, ist begrenzt, und man hat sehr gründliche Untersuchungen der begrenzenden Faktoren angestellt.
Das Ergebnis dieser Untersuchungen kann man auch auf die Nervenfasern anwenden. Wir wissen, daß die maximale Informationsmenge bei einer einzelnen Nervenfaser viel geringer ist als bei einem stromdurchflossenen Draht, weil sich Nervenimpulse so sehr viel langsamer als elektromagnetische Signale fortpflanzen. Oft ist es wichtig, mehr Information weiterzugeben, als durch eine einzelne Nervenfaser transportiert werden kann. Dafür gibt es dann nur noch die Möglichkeit, die Information längs vieler paralleler Fasern weiterzuleiten. Viele der Nerven enthalten Tausende von Fasern, und wenn auch die einzelne Faser nicht sehr viel Information übertragen kann, so ist die Gesamtkapazität aller Fasern eines Nervs doch sehr groß.
Kennen wir die Eigenschaften der Nervenfasern und ihre Anzahl in den Sehnerven, so haben wir die Möglichkeit, die maximale Informationsmenge auszurechnen, die vom Auge zum Gehirn gesandt werden kann. Dabei stellt sich heraus, daß diese Menge immer noch sehr klein ist, verglichen mit der Zahl der Daten, die man für die Übermittlung eines Fernsehbildes benötigt. Das bedeutet, daß nicht das gesamte »gesehene« Bild vom Auge zum Gehirn telegraphiert werden kann. Mit anderen Worten, die Sehnerven können das Gehirn nicht zu jeder Sekunde mit Information über jeden Teil unseres Gesichtsfeldes versorgen. Das Telegramm vom Auge zum Gehirn kann daher nur über gewisse charakteristische Züge unseres optischen Eindruckes berichten – Züge, die aus dem einen oder anderen Grund von Interesse sind. Das Auge ist keine »Kamera«, die automatisch Bilder aufnimmt und sie dann zur Deutung an das Gehirn schickt. Vielmehr findet in den Nervenzentren, die an die Netzhaut grenzen, eine erste Interpretation und Systematisierung des vom Auge wahrgenommenen Bildes statt. Die endgültige Fassung, die ins Gehirn gelangt, ist eine Art »verschlüsselter« Botschaft, die gewisse Grundzüge des sichtbaren Bildes enthält, und zwar in einer so konzentrierten Form, daß die Sehnerven die Übermittlung durchführen können.

Wir wissen wenig über die Prinzipien, nach denen diese Interpretation vor sich geht oder in welcher Form die verschlüsselte Nachricht dem Gehirn mitgeteilt wird. Man kann möglicherweise bestimmte Rückschlüsse aus der Tatsache ziehen, daß vollständig verschiedene Bilder sich ähnelnde Eindrücke hinterlassen können. Ein Künstler hat die Fähigkeit, mit wenigen schwarzen Linien auf einem weißen Stück Papier einen Entwurf aufzuzeichnen, in dem man sofort eine Ähnlichkeit mit dem dazugehörigen Modell erkennen kann. Dieses Erkennen beruht möglicherweise darauf, daß die optischen Nervenzentren jeweils eine sehr ähnliche Synthese durchführen, wenn das Auge einmal das Modell und das andere Mal die Kohlezeichnung anschaut. Stimmt diese Annahme, dann müssen die im Gehirn empfangenen Signale beider Objekte eine gewisse Ähnlichkeit aufweisen. Zwar besteht eine Zeichnung nur aus einer Anzahl schwarzer Konturen, die unter Umständen in Wirklichkeit gar nicht vorhanden sind, und eine Farbphotographie müßte eigentlich Sinneseindrücke hervorrufen, die den vom Modell direkt erhaltenen sehr ähnlich wären; aber trotzdem kann eine Zeichnung »wirklicher« erscheinen als das Photo! Ein geschickter Künstler beherrscht intuitiv die Regeln, nach denen die Nervenzellen des Auges ihre Botschaften verschlüsseln. Seine Kunst besteht darin, die optischen Nervenzellen des Beschauers zu veranlassen, Telegramme an das Gehirn zu schikken, die mehr »Wahrheit« enthalten, als wenn sie aus einer Photographie zusammengestellt worden wären.

Mathematik und Maschinen

Eines der schwierigsten Probleme, das Philosophen durch die Jahrhunderte beschäftigt hat, wurde durch die Unterscheidung von Geist und Körper aufgeworfen. Welcher Art sind die Beziehungen zwischen dem geistigen Leben und dem Gehirn? Wir haben keinen verläßlichen Grund, die Existenz einer »Seele« getrennt oder unabhängig von der Materie des Gehirns anzunehmen; doch muß daraus unbedingt folgen, daß die Seele einfach eine Funktion des Gehirns ist? Man hat oft behauptet, daß Gedanken nicht mehr wären als »chemische Reaktionen« im Gehirn, aber viele Menschen wehren sich energisch gegen solche Vorstellungen. Intuitiv argumentiert der Mensch immer noch, daß, gleich wie fein die graue Substanz in unseren Schädeln auch sein mag, sie immer noch sehr grob sei im Vergleich zu »etwas, aus dem Träume gemacht sind«.

Wir werden keine tiefergehende Analyse dieses äußerst verwickelten Problems versuchen, aber es ist vielleicht von Interesse, als Beispiel ein ähnliches, aber ungleich einfacheres Problem zu behandeln, nämlich die Beziehung zwischen den konkreten Teilen einer mathematischen Maschine und den mathematischen Operationen, die sie ausführen kann.

Zuerst wollen wir eine sehr kleine, einfache Maschine, den Tischrechner, betrachten. Er enthält neun Zahnräder mit je zehn Zähnen, und jeder Zahn stellt eine Einheit dar. Wenn das erste Rad um sechs Zähne vorwärts gedreht wird, erscheint die Nummer sechs. Das zweite Zahnrad gibt die Zehner an, ein drittes die Hunderter und so fort. Mit diesen 9 Rädern können wir alle Zahlen darstellen, die man mit 9 Ziffern schreiben kann, d. h. alle Zahlen bis 999 999 999. Ist die Ziffer 0 in der Berechnung enthalten, können diese 9 Zahnräder eine Milliarde verschiedener Zahlen anzeigen. Mit anderen Worten, die Gesamtheit von 90 verschiedenen Zähnen kann auf eine Milliarde verschiedene Weisen kombiniert werden.

Wenn der Rechner noch einen zweiten Satz mit 9 Zahnrädern besitzt, können durch diesen natürlich ebenfalls alle Zahlen bis zu einer Milliarde dargestellt werden. Hat er noch weitere Zahnräder, so kann er die Zahlen addieren oder subtrahieren, die in den beiden ersten Sätzen von Rädern vorhanden sind. Noch kompliziertere Maschinen können die Zahlen miteinander multiplizieren oder durcheinander dividieren.

Die Mathematik wird von vielen als eine der abstraktesten geistigen Leistungen des Menschen angesehen. Viele Denker, angefangen bei den alten Philosophen bis zu den modernen Mathematikern, haben den Begriff Mathematik so weit entwikkelt, daß sie sich schließlich Gott als Mathematiker vorstellten; die Pythagoräer benutzten in ihrer Metaphysik die ganze Zahl als Ausgangspunkt. Wie ist es dann möglich, daß so etwas Abstraktes oder »Spirituelles« wie eine Zahl in einer Maschine existieren kann, die lediglich aus einem so handgreiflichen Material wie einer Reihe geölter Zahnräder besteht? Wie ist es möglich, bestimmte mathematische Operationen, wie Addition oder Multiplikation, durchzuführen, indem man lediglich diese Räder dreht und ineinandergreifen läßt? Waren anfangs nur zwei Zahlen in der Maschine vorhanden, so erzeugt die Addition aus ihnen eine neue Zahl, die es ursprünlich nicht gab. Komplizierte Maschinen können Probleme lösen, die für unsere Fähigkeiten zu schwierig sind.

Ist es nicht offensichtlich – so könnte man fragen –, daß die Maschine aus zwei verschiedenen Teilen besteht, einem materiellen und einem nicht-materiellen, mathematischen? Der Ingenieur oder Techniker, dessen Aufgabe es ist, die Maschine zu reparieren, muß sich lediglich mit ihrer Konstruktion befassen; ein Mathematiker dagegen, der in die wunderbar geheimnisvolle Welt der Zahlen eindringt, wird sich nur mit dem nichtmateriellen Teil beschäftigen. Für ihn bedeutet das Rattern der Zahnräder während seiner Berechnung wenn überhaupt etwas, so höchstens eine störende Ablenkung. Zuzeiten beginnt er vielleicht sogar zu glauben, daß der nicht-materielle Bestandteil nicht nur viel feiner ist als der materielle, sondern auch vollkommen losgelöst von diesem. Sein Verdacht wird bekräftigt, wenn er herausfindet, daß die gleichen mathematischen Operationen in Maschinen von vollständig verschiedener Konstruktion ausgeführt werden können. Das Zahnrad ist nicht einmal nötig! Eine Rechenmaschine kann statt dessen aus Schaltrelais oder Transistoren bestehen – oder aus Gehirnzellen. Daraus wird deutlich, bis zu welchem Grad das nicht-materielle Element der Maschine unabhängig vom materiellen ist.

Es ist möglich, noch tiefer in die Metaphysik der Rechenmaschine einzudringen. Unter der Annahme, daß die mathematischen Operationen gleichzeitig mit den Bewegungen der Zahnräder verlaufen, aber unabhängig von ihnen sind, könnte jemand auf die Idee kommen, der Rechenmaschine eine, wenn natürlich auch sehr kleine Seele zuzubilligen. Niemandem würde es jedoch einfallen zu behaupten, daß der nicht-materielle Bestandteil der Maschine den materiellen beeinflusse. Das würde nämlich heißen, daß die Maschine ein Problem durch einen rein »intellektuellen« Akt lösen könnte, um dann mit einem »Willensakt« ihre Zahnräder in Bewegung zu setzen und das Resultat anzuzeigen. Viel vernünftiger erscheint die Behauptung, daß sich der »nicht-materielle« Teil der Rechenmaschine aus Kombinationen der Positionen der materiellen Bestandteile zusammensetzt. Die neun 10-zähnigen Zahnräder sind mehr als lediglich neun 10-zähnige Zahnräder. Zusammen stellen sie eine Milliarde Kombinationen von Positionen dar. Gerade diese Kombinationen sind es, welche die Zahlen ergeben, und das Ausführen der Rechenoperationen bedeutet lediglich, daß sie nach bestimmten Regeln verändert werden. Sie sind unabhängig von ihren materiellen Bestandteilen in dem Sinne, daß die gleichen Kombinationen von kleinen oder großen Zahnrädern oder auch von Transistoren erzeugt werden können. Wir können sehr gut mit den Kombinationen arbeiten, ohne dabei zu berücksichtigen, was wirklich kombiniert wird. Wenn wir wollen, können wir die Kombinationen als das »geistige« Element bezeichnen, aber dieses wird dabei immer noch als notwendige Konsequenz des untersuchten Problems in vollkommen rationaler Weise eingeführt.

Je mehr Elemente am Anfang vorhanden sind, um so mehr Kombinationen sind möglich. Das gilt nicht nur für Rechenmaschinen, sondern auch für Atome und alles, was aus ihnen aufgebaut werden kann. Im vorhergehenden Kapitel sind wir die lange Kette der Komplikationen durchgegangen, das ständig sich ausweitende Wachstum immer neuer Kombinationen. Wir gelangten dabei vom Atom bis zu den menschlichen Wesen. Ist es möglich, daß die enorme Anzahl möglicher Kombinationen in den Gehirnzellen des Menschen diesem seine Seele gegeben hat?

Der Computer

Die Technologie der elektrischen Impulse hat eine sagenhafte Bedeutung erlangt; denn sie ist die Ursache der rapiden Entwicklung der Computer, die im Begriff sind, die Gesellschaft zu revolutionieren. Die außergewöhnliche Bedeutung ist das Ergebnis einer wachsenden Nachfrage auf vielen Gebieten nach komplizierten Rechnungen, die schnell und trotzdem genau ausgeführt werden sollen. Die Computer unterscheiden sich in zwei Punkten von den gewöhnlichen mechanischen Rechenmaschinen: sie arbeiten mit phantastisch hohen Geschwindigkeiten, und sie besitzen die Fähigkeit, den Ablauf ihrer eigenen Rechnungen nach einem vorher eingegebenen Plan oder Programm zu steuern.
Die Konstruktion solcher Rechenanlagen wurde durch die Elektronik ermöglicht. In den ersten Computern wurde eine Zahl dargestellt, indem elektrische Impulse durch verschiedene Stromkreise liefen. Wie die verschiedenen Zahnräder einer herkömmlichen Rechenmaschine, so zählte ein Stromkreis die Einer, ein anderer die Zehner, ein Dritter die Hunderter und so fort. Heute stellen jedoch die meisten Computer eine Zahl mit Hilfe eines binären Systems, eines Zweiziffernsystems, dar; das bedeutet, daß jede Zahl durch eine Serie von Impulsen in einem einzigen Stromkreis ausgedrückt werden kann. Die Zahlen, mit denen die Rechnung beginnt, werden zunächst in einen besonderen Teil der Maschine eingeführt, den man Memory (Gedächtnis) nennt. Hier werden sie auf einem Magnetband oder in Form eines Systems elektrischer Ströme gespeichert. Das Memory hat die Eigenschaft, zu jeder Zeit die der gespeicherten Zahl entsprechenden Impulse aussenden zu können. Wollen wir zum Beispiel zwei der im Memory enthaltenen

Zahlen addieren, so werden diese beiden Zahlen zur Additionseinheit gesandt. Wenn dort zwei Impulse zur gleichen Zeit ankommen, sendet die Additionseinheit eine Serie von Impulsen aus, die der Summe der beiden Zahlen entspricht. Diese Summe kann dann zu einem anderen Teil des Memory zurückgesandt und zum späteren Gebrauch in der Rechnung aufbewahrt werden. In den Additionseinheiten sind auch Subtraktionen ausführbar. Eine Multiplikationseinheit kann zwei beliebige Zahlen aus dem Memory miteinander malnehmen.
Die Multiplikation zweier zehnstelliger Zahlen gehört zu der Art ermüdender Beschäftigungen, die man tunlichst vermeiden möchte. Ein Computer liefert die Antwort in weniger als einer hundertstel Sekunde. Im Vergleich zum menschlichen Gehirn kann er so viel schneller rechnen, weil die elektrischen Impulse in dem Stromkreissystem der Maschine so viel schneller weitergeleitet werden können als die Impulse in den Gehirnzellen, die sich »auf verschlungenen Pfaden« bewegen, wenn ein Mensch etwa eine Rechnung im Kopf durchführt.
Die Rechengeschwindigkeit des menschlichen Gehirns ist der des Computers also sehr unterlegen. In der Fähigkeit jedoch, das Ergebnis einer Rechnung zu beurteilen und zu bewerten, übertrifft das Gehirn immer noch jede bis jetzt erfundene Maschine. Wenn ein Mathematiker eine komplizierte Berechnung durchführen möchte und als Hilfe einen Assistenten hat, so kann er diesem folgende Anweisung geben: Führen Sie zuerst diese Berechnung aus; wenn das Ergebnis größer als eine bestimmte Zahl ist, so führen Sie eine zweite Berechnung durch; ist das Resultat jedoch kleiner als die gegebene Zahl, so führen Sie statt dessen eine dritte Berechnung aus. Mit anderen Worten: der Assistent rechnet nach einem bestimmten Plan. Dieser Plan ändert sich jedoch notwendigerweise im Laufe der Rechnung, je nach den erhaltenen Zwischenergebnissen.
Es hat sich als möglich erwiesen, Rechenmaschinen zu bauen, die unter anderem die einzelnen Schritte ihrer eigenen Berechnungen steuern können. Neben den Additionseinheiten, den Multiplikationseinheiten dem dem Memory besitzt diese Art

von Maschinen eine Kontrolleinheit. Diese Einheit löst die verschiedenen Berechnungen aus und sendet Impulse weiter, die entscheiden, wann eine Zahl vom Memory ausgegeben und ob sie zum Addierer oder Multiplizierer weitergeleitet wird: Die Kontrolleinheit bewirkt, daß die Rechnungen in der richtigen Reihenfolge nach dem gegebenen Plan vonstatten gehen. Sie kann aber auch diesen Plan im Laufe der Rechnung ändern, wiederum nach einem eingegebenen Programm.
Wir wollen in einem einfachen Beispiel versuchen, die Quadratwurzel aus 10 zu berechnen, d. h. die Zahl, die mit sich selbst multipliziert 10 ergibt. Man kann der Maschine Anweisung geben, sie »programmieren«, ihren Weg sozusagen vorwärtszutasten: Wenn sie die erste Zahl mit sich selbst multipliziert hat, so wird sie, wenn das Ergebnis kleiner als 10 ist, eine größere Zahl ausprobieren; ist das Ergebnis jedoch größer als 10, so wird sie es mit einer Zahl zwischen beiden Werten versuchen. Die Maschine beginnt mit den Feststellungen daß 1 × 1, 2 × 2 und 3 × 3 kleiner als 10 sind, daß aber 4 × 4 größer als 10 ist. Darauf prüft sie 3,1 × 3,1 und findet, daß dieser Wert zu klein ist, daß aber 3,2 × 3,2 zu groß ist; sie probiert dann 3,11, 3,12 und so fort. In Bruchteilen einer Sekunde hat sie die richtige Antwort – 3,162 – herausgefunden! Verwickeltere Probleme, für die die Maschine Millionen von Berechnungen durchführen muß, bevor sie beim Endergebnis ankommt, können Stunden oder sogar Tage an Maschinenzeit in Anspruch nehmen. Die Maschine behandelt dabei die Zahlen in ihrem Memory nach den Programmanweisungen in ihrer Kontrolleinheit. In einigen Maschinentypen kann der Gesamtprozeß ohne Bewegung innerhalb der Maschine vor sich gehen. Obgleich sie ruhig ist, »denkt« sie jedoch intensiv über das Problem nach und schickt Impulse zwischen ihren verschiedenen Organen hin und her; aber selbst die Wege, denen diese Impulse folgen, werden durch elektrische Ströme in Transistoren oder Elektronenröhren reguliert, die wiederum von anderen Impulsen gesteuert werden.
Man kann den Computer von heute noch nicht anstelle eines

Mathematikers benutzen, weil nur dieser ein Problem formulieren und das Ergebnis der Rechnungen deuten kann: der Computer kann jedoch einen qualifizierten Assistenten ersetzen – vom Gesichtspunkt der Geschwindigkeit sogar einen ganzen Stab von Arithmetikern. Der Mathematiker gibt dem Assistenten Anweisungen, indem er mit ihm spricht – bei der Maschine drückt er bestimmte Knöpfe. Auf diese Weise beginnt die Rechnung in einem menschlichen Gehirn oder in einer Maschine. Wir wissen in allen Einzelheiten, welche Wege die Impulse innerhalb einer Maschine einschlagen; unser Verständnis der Bahnen, auf denen die menschlichen Nervenimpulse durch die verschiedenen Teile des Gehirns wandern, ist jedoch noch beschränkt. Je mehr Computer gebaut werden, um so besser werden wir die Lösung mathematischer Probleme mit Hilfe der Elektronik beherrschen lernen; und da die mathematischen Operationen, die im Gehirn ausgeführt werden, in mancher Hinsicht denen der Elektronik ähnlich sein könnten, werden wir vielleicht auf diese Weise in der Lage sein, unser Wissen über die Vorgänge menschlichen Denkens oder wenigstens gewisser Aspekte davon zu erweitern.

Die geistigen Leistungen, die der Mensch mit Hilfe eines Computers ausführen kann, sind nicht nur mathematischer Art. Im Prinzip kann jede geistige Tätigkeit, die nach einem bestimmten Plan vor sich geht, mit einer solchen Maschine ausgeführt werden, selbst wenn sie sehr kompliziert ist. Es hat sich zum Beispiel als möglich erwiesen, einen Computer zu programmieren, Schach oder Dame zu spielen. Der Maschine werden die Züge des Gegners mitgeteilt, und sie stellt fest, welche Züge sie entsprechend den Spielregeln ausführen darf. Dann berechnet sie die möglichen Gegenzüge des Partners, die folgenden eigenen Erwiderungszüge und so weiter, bis sie schließlich die unter Einhaltung der Regeln günstigste Möglichkeit auswählt. Danach setzt sie ihre Figuren. Wie geschickt sich die Maschine dabei anstellt, hängt davon ab, wie kompliziert sie ist. Eine Maschine, die sich mit einem der großen Schachmeister messen könnte, würde enorm umfangreich und sehr teuer sein; ein

Computer gewöhnlicher Größe kann jedoch dahin programmiert werden, korrekt zu spielen, und er wird einen Anfänger vielleicht schlagen. Computer sollen in der Tat sehr clevere Schachspieler sein. Man kann natürlich behaupten, daß die Ähnlichkeit zwischen einem rechnenden oder schachspielenden Automaten und einem Menschen, der rechnet oder Schach spielt, nicht mehr als eine oberflächliche Analogie sei. Wir wissen nicht genug über die Physiologie des Denkens, um dieses Argument mit Bestimmtheit zu widerlegen; wie wir jedoch bereits angedeutet haben, weist vieles darauf hin, daß die Ähnlichkeit nicht zufällig ist. Sowohl das Nervensystem als auch die Maschine bedienen sich elektrischer Impulse, die auf mannigfaltige Weise gekoppelt werden können. In der Maschine wählen Relais, Elektronenröhren oder Transistoren die einzelnen Wege aus. Im Nervensystem haben die Synapsen, die Kreuzungspunkte mehrerer Nervenfasern, eine ähnliche Aufgabe. Obgleich die grundlegenden Strukturen verschieden sind, gibt es doch wesentliche Ähnlichkeiten. Man kann sicherlich noch den Einwand vorbringen, daß die Fähigkeiten der Maschine – das Ausführen mathematischer Berechnungen und vielleicht das Beherrschen von Spielen – in keiner Weise mit den feinen Ausdrucksformen des menschlichen abstrahierenden Geistes vergleichbar sind. Andererseits ist es auch eine Tatsache, daß der Aufbau des Gehirns unvergleichlich komplizierter ist als der jedes vorhandenen Computers: Eine solche Maschine besitzt vielleicht 10 000 Transistoren, die Kopplungen durchführen können; die Zahl der Synapsen im Gehirn dagegen, die Nervenimpulse auf verschiedene Wege leiten können, geht in die Milliarden. Auf der Grundlage unseres gegenwärtigen Wissens über die Computer können wir daher annehmen, daß ein Apparat mit so vielen verbindenden Elementen wie das menschliche Gehirn genauso komplizierte Reaktionen durchführen könnte, wie sie im Gehirn vor sich gehen.

Ein neues Glied in der langen Kette der Komplikationen?

Ist es möglich, daß mit dem Auftauchen der Computer ein neues Glied in der langen Kette der Komplikationen erschienen ist? Im vorhergehenden Kapitel war die Kette mit den Menschen zu Ende. Nun können wir fragen, ob der Mensch für alle Zeiten wirklich der letzte Schritt in dieser Entwicklung bleiben wird oder ob er, wie Nietzsche es voll Phantasie prophezeite, sich selbst besiegen und Platz für einen Übermenschen machen wird. Aus einer weniger poetischen und mehr wissenschaftlichen Perspektive heraus stellt sich die Frage, ob ein komplexeres Wesen als der Mensch – in anderen Worten: ein System, das mehr Kombinationsmöglichkeiten besitzt – entstehen kann.
Obgleich die heutigen Computer mathematische und logische Operationen durchführen können, die die menschliche Kapazität übersteigen, sind sie dennoch längst nicht so komplex wie das menschliche Gehirn. Man muß sich jedoch daran erinnern, daß die Computer erst seit wenigen Jahrzehnten existieren und sich mit überraschender Schnelligkeit entwickelt haben. Auf immer mehr Gebieten werden sie fähig, den Menschen zu ersetzen. Sie können den gesamten Apparat des internationalen Luftverkehrs koordinieren; sie können die gesamte Buchhaltung eines großen Betriebes in Ordnung halten, oder sie können über die ökonomischen Faktoren Buch führen, die beim Regieren einer ganzen Nation eine Rolle spielen.
Weil diese Maschinen innerhalb einer so kurzen Entwicklungszeit die Fähigkeit erlangt haben, all diese Funktionen auszuführen, stellt sich uns jetzt zwangsläufig die Frage, wohin die Computertechnologie in Zukunft führen wird. Als Ergebnis einer bedeutenden Neuerung sind die Arbeitsweisen eines modernen Computers nicht notwendigerweise länger auf ein festgesetztes Programm beschränkt. Computer können ihre eigenen Programme verbessern, aus ihren eigenen Fehlern lernen und Methoden ausarbeiten, die auf die anfangs eingegebenen Zielsetzungen ausgerichtet sind. Mit solchen und anderen Möglichkeiten nähern sich die Prozesse, die ein Computer durchführen

kann, den Arbeitsmethoden des menschlichen Gehirns, und man prophezeit nicht zuviel, wenn man sagt, daß auf einer wachsenden Zahl von Gebieten die Maschine sich dem Menschen überlegen erweisen wird. Heute schon werden bestimmte neue Datentechniken von den Computern selbst entwickelt. Es gibt daher eine gewisse Grundlage für die Spekulation, daß die Computer dahin kommen werden, eine immer wachsende Anzahl von Bereichen der Gesellschaft zu steuern, und diese daher immer unabhängiger vom einzelnen funktionieren werden. Eine Vision der entfernten Zukunft ist die Möglichkeit einer vollständig computergesteuerten Gesellschaft*: Nach Meinung vieler Leute wäre dies ein Alptraum – genausogut könnte es aber auch die ideale Gesellschaft bedeuten.

Schauen wir noch einmal auf die lange Kette der Komplikationen zurück und erinnern uns, daß wir den Weg von den Atomen und Molekülen über Zellen und all die nachfolgenden Organismen bis zum Menschen gegangen sind. Das neue Glied ist keine direkte Fortführung dieser Kette; denn obgleich es eine neue Komplikation darstellt, beruht diese nicht auf Protoplasma oder Zellen, sondern auf Schaltdrähten, Transistoren und anderen Bauelementen. Die materielle Grundlage dieser neuen, komplizierten Spielart ist jedoch, wie wir gesehen haben, nicht von entscheidender Wichtigkeit. Es sind die »Ideen« – d. h. seine Kombinationen –, welche die potentielle Wirkung des »neuen Gliedes« auf die menschliche Existenz ausmachen.

* Vgl. Olof Johannesson, *Die Sage von dem großen Computer*. Wiesbaden 1970.

4 Die kosmische Perspektive

Die Schöpfung

Wenn wir gelegentlich über das Sein nachdenken, können uns unsere Gedanken dabei in der Zeit zurück oder auch nach vorn geleiten: zurück zu unserer eigenen Geburt und vielleicht auch zum Ursprung der menschlichen Rasse und nach vorn zu unserem drohenden Tod und zur letzten Bestimmung der Menschheit. Wenn wir noch weiter vordringen wollen, sehen wir uns den riesengroßen Problemen der Schöpfung der Welt und ihrem endgültigen Schicksal gegenüber. In diesem Kapitel wollen wir die Schöpfung betrachten.

In vergangenen Zeiten soll die traditionelle Bibliothek in einem schwedischen Bürgerhaus aus zwei Büchern bestanden haben: einer Bibel und einem Almanach (Jahrbuch). Diese beiden betrachtete man als ausreichend, klare Antworten auf die Fragen zu geben, wie und wann die Schöpfung stattgefunden habe. Der erste Teil der Frage wurde im ersten Kapitel des ersten Buches Mose beantwortet und der zweite durch den Almanach. Wenn wir für die Antwort auf den zweiten Teil den Almanach befragen, so finden wir, daß nach dem hebräischen Kalender das Jahr 1968 A. D. 5729 Jahre nach der Schöpfung begann, und zwar am 23. September.

Eine Abschätzung des Weltalters in Größen einiger Jahrtausende war für die alten Kulturen des Mittelmeerraumes und des Nahen Ostens charakteristisch. So dachten zum Beispiel die alten Perser, daß der gesamte Lauf der Weltgeschichte, von der Schöpfung bis zum Jüngsten Gericht eine Zeit von 12 000 Jahren dauere. In anderen Kulturen war man großzügiger: Nach einer chinesischen Schätzung betrüge das Weltalter jetzt 129 600 Jahre, und in der alten indischen Philosophie finden wir so enorme Zeitspannen, daß sogar die Zeitskala der modernen Naturwissenschaft klein dagegen erscheint. Man stellte sich vor, daß vier Zeitalter einander ablösten: Gold, Silber, Bronze und Eisen – ein Gedanke, den man auch in westlichem Gedankengut findet, wie wir aus Werken der alten griechischen und römischen Dichter wissen. Während jedoch die Philosophen des Mittelmeerraumes die Länge eines Zeitalters auf einige tausend Jahre schätzten, berechneten die Inder das goldene Zeitalter (Kritayuga) auf 1 728 000 Jahre, das silberne Zeitalter (Thretayuga) auf 1 296 000 Jahre, das bronzene Zeitalter (Dwaparayuga) auf 864 000 Jahre und das eiserne Zeitalter (Kaliyuga) auf 432 000 Jahre. Zusammen bildeten die vier Zeitalter ein Mahayuga (wörtlich: großes Zeitalter), das die respektable Länge von 4 320 000 Jahren besaß. Die Inder trieben es noch weiter. Sobald ein Mahayuga durch ein unglückseliges eisernes Zeitalter endete, wurde die Welt gereinigt, und ein neues goldenes Zeitalter begann. Auf diese Weise ging die Weltgeschichte weiter, bis sie 1 000 Mahayugas durchlaufen hatte, die ein Kalpa darstellten oder einen Tag Brahmas mit einer Länge von mehr als vier Milliarden Jahren. Jedesmal, wenn Brahma seinen Tag begann, erschuf er die Welt, und am Ende des Tages – nach tausend goldenen Zeitaltern – zerstörte er sie in der Gestalt Shivas, des göttlichen Zerstörers. An jedem neuen Tag wiederholte er das Spiel, so daß er nach hundert Brahma-Jahren die Welt 36 500mal geschaffen und wieder zerstört hatte. Wenn jemand sich damals Sorgen gemacht hätte über den Zustand der Welt zu einem so fernen Zeitpunkt, so hätte ihn die Tatsache trösten können, daß Brahma in verjüngter und mächtigerer Form neu geboren würde, falls er in der Zwischenzeit an Altersschwäche hätte sterben müssen.

Die Inder dachten sich auch die Ausmaße der Welt großzügiger als die Mittelmeerbewohner, die sich nichts vorstellen konnten, was jenseits des ihnen bekannten Landes lag, jenseits der sie umgebenden Ozeane und jenseits der himmlischen kristallenen Sphären über ihrer kleinen Welt, die so flach wie ein Pfannkuchen war.

Mit dem Siegeszug des Christentums wurde diese jüdisch-christliche Vorstellung einer Miniaturwelt zum heiligen Dogma und zum Mittelpunkt der mittelalterlichen Gedankenwelt erhoben. Während das Christentum im westlichen Europa das freie Denken in den dunklen Zeitaltern erstickte, erwies sich der Islam toleranter, und die Philosophen des Nahen Ostens waren gute Verwalter der ägyptisch-griechischen Tradition. Sie erweiterten diese allerdings noch durch Wissenschaften aus dem Osten, besonders aus Indien. Die abendländische Astronomie ist zum großen Teil ein Erbe der Wissenschaftler Alexandriens; daher sind auch die meisten Sternnamen arabisch – zum Beispiel Aldebaran, Atair, Wega – wie auch das Wort »Almanach«.

Die große Erweiterung des abendländischen Weltbildes mit dem Beginn der Renaissance war jedoch nicht nur eine Folge arabischer Gelehrsamkeit, sondern auch ein Ergebnis der Tatsache, daß es einer Gruppe holländischer Handwerker gelungen war, Linsen zu schleifen, die man in einem Teleskop verwenden konnte. Die Zusammenarbeit zwischen Denkern und Männern, die mit ihren Händen arbeiteten – zwischen den spekulierenden »Astrophilosophen« und den Glasschleifern –, brachte die große Revolution des Verstandes zuwege. Mit Teleskopen höherer Qualität wurden immer entferntere Sterne entdeckt, die Beobachtungen mit immer größerer Genauigkeit durchgeführt.

So brach während des sechzehnten und siebzehnten Jahrhunderts die enge mittelalterliche Welt zusammen. Die Erde, Heimat der Menschheit und Zentrum der Schöpfung, wurde entthront und war nur ein kleiner Planet, der mit fünf anderen bisher entdeckten Planeten um die das Planetensystem beherrschende Sonne lief. Im achtzehnten und neunzehnten Jahrhundert ereignete sich dann eine neue Revolution, bei der sogar die Sonne ihre zentrale Stellung in der Weltordnung verlor. Sie wurde ein Stern unter vielen Milliarden anderer in unserem gigantischen Sternsystem, der Galaxis, deren Durchmesser 100 000 Lichtjahre beträgt. Das Mekka des Universums, das Zentrum der Galaxis, ging in den hell leuchtenden Gebieten der Milchstraße im Sternbild des Schützen unter.

Doch dann wurde am Himmel eine Anzahl kleiner, schwach leuchtender Punkte gefunden, die die Astronomen vor Rätsel stellten. Als die geschickten Glasschleifer des zwanzigsten Jahrhunderts Linsen und Spiegel für die heutigen Riesenteleskope hergestellt hatten, entdeckte man solche schwachen Punkte zu Millionen. Jede dieser Lichtquellen erwies sich als eine Galaxis, riesig wie unser eigenes Milchstraßensystem. So fand die dritte Revolution in unserem Denken statt: Sogar unsere eigene riesenhafte Galaxis war für den forschenden menschlichen Geist noch zu begrenzt; unsere Perspektive der Welt wurde wiederum erschüttert. Heute kennen wir Milliarden von Galaxien, deren Entfernungen von uns in Milliarden Lichtjahren gemessen werden, und wir sind im Begriff, ein noch größeres System zu entdecken. Manche glauben, daß diese Galaxien das gesamte Universum ausmachen, andere jedoch, die Vorsichtigeren, nennen es das »Metagalaktische System«: sie lassen die Möglichkeit offen, daß jenseits unserer eigenen noch andere Metagalaxien vorhanden sein könnten.

Mit dem Zusammenbruch der biblischen Vorstellung von der Schöpfung war nun die Wissenschaft an der Reihe, eine neue Version zu liefern. Da jedoch niemand von uns dabei war,

als da der Ewige saß
und in der dunkelblauen Nacht
flammende Saat aussäte,

müssen wir mit Hilfe von Vermutungen weiterkommen. Wir haben jedoch heute den Vorteil, daß sich unsere gegenwärtigen Vermutungen auf ein detailliertes, modernes Wissen von der wirklichen Struktur der Welt stützen. Dadurch können wir ein besseres Bild vom Aufbau der Welt vor langer Zeit rekonstruieren.

Beginnen wir dabei mit der biblischen Version, die durch zwei wissenschaftliche Beiträge ersetzt wurde: die »Kleine Schöpfung«, die sich auf den Ursprung der Erde in einem winzigen Teil des Universums bezieht, und die »Große Schöpfung« oder die Erschaffung eben dieses enormen Universums – das heißt, wenn es überhaupt erschaffen wurde.

Wir wollen zuerst die Kleine Schöpfung betrachten, die gewöhnlich von den Wissenschaftlern als das *kosmogonische Problem* bezeichnet wird und die Entstehung der Erde und der anderen acht Planeten dieses Sonnensystems einschließt. Wenn wir die Ausmaße des Universums betrachten, so war dies ein ziemlich nebensächliches Ereignis; für uns jedoch, die wir auf diesem Körnchen Sand unsere Heimat haben, ist es von größter Wichtigkeit. Der erste Mensch, der einen wissenschaftlichen Beitrag über den Ursprung der Erde lieferte, war der französische Philosoph und Mathematiker Pierre-Simon Laplace. Gegen Ende des achtzehnten Jahrhunderts äußerte er die Vermutung, daß die Sonne einst aus einem Nebel einer sehr dünnen Gaswolke kondensiert wäre. Seine These besagte weiter, daß sich nicht die gesamte Materie der Wolke im Punkt der Sonne konzentriert hätte, sondern daß Teile der Masse in verschiedenen Entfernungen von der Sonne festgehalten wurden und später zu Planeten kondensierten. Diese Theorie wurde von vielen angezweifelt, und so wurden auch andere Möglichkeiten erwogen. Nach einer dieser Annahmen wurden die Planeten durch verschiedene Katastrophen aus der Sonne herausgeschleudert. Das sehr viel umfangreichere Wissen, das wir heute von den verschiedenen physikalischen Prozessen haben, die in einer Gaswolke vor sich gehen können, hat jedoch wieder die Grundgedanken von Laplace bestätigt, obgleich seine Ideen im Laufe der Jahre in vieler Hinsicht weiterentwickelt und modifiziert wurden. Es ist wahrscheinlich, daß während der Bildung des Sonnensystems elektromagnetische Phänomene von entscheidender Bedeutung waren. (In einem der folgenden Abschnitte werden wir diese Phänomene gründlicher betrachten.) Mit Hilfe verschiedener Untersuchungsmethoden sind wir zu der Überzeugung gekommen, daß das Ereignis vor ungefähr vier oder fünf Milliarden Jahren stattfand – in der Sprache der indischen Mythologie: vor fast genau einem Kalpa.

Nach Bildung der Erde erschien dann irgendwann Leben auf

ihrer Oberfläche, und im Laufe der Jahrmillionen entwickelten sich höhere Formen. »Und die Erde ließ aufgehen Gras und Kraut, das sich besamte, ein jegliches nach seiner Art, und Bäume, die da Frucht trugen und ihren eigenen Samen bei sich selbst hatten« – und dann wurden »große Wale und allerlei Getier, das da fleugt und kreucht« hervorgebracht. Schließlich erschien ein sehr kompliziertes Wesen, das sich »Mensch« nannte und sich als »Krone der Schöpfung« betrachtete. Eine seiner bemerkenswertesten Eigenschaften war sein Verstehen der Natur und seine Beherrschung der Naturkräfte. Auf diese Weise verschaffte er sich gewaltige Macht. Am Anfang seiner Existenz war er durch die Schwerkraft gezwungen, auf dem Boden umherzukriechen; aber eines Tages besiegte er sie und schwang sich auf in den Raum, um den Kosmos zu erobern. Dieser bemerkenswerte Tag lag in dem Jahr, das er 1967 nannte.

Die Große Schöpfung wird das kosmologische Problem genannt. Zunächst müssen wir dabei die Frage stellen, ob das Universum überhaupt geschaffen wurde. Manche glauben, daß es einen ewigen Gott gebe wie in den alten Mythologien, der zu einem bestimmten Zeitpunkt das Universum schuf. Ein solcher Gott, der diese gigantische Leistung vollbrachte, kann jedoch kaum viel Ähnlichkeit mit dem unbedeutenden Donnergott besitzen, der zuzeiten von einem kleinen Stamm eines kleinen Gebietes verehrt wurde. Dieses kleine Gebiet lag außerdem auf einem Planeten, der wiederum um eine winzige Sonne kreiste, einen Durchschnittsstern unter Hunderten von Milliarden von Sternen in einer kleinen Galaxie, von denen wenigstens zehn Milliarden in der großen Galaxienfabrik der Schöpfung in Massenproduktion hergestellt worden waren. Andere glauben, daß es genauso einfach oder vielleicht noch einfacher ist, das Universum selbst als ewig anzunehmen. Viele gute Gründe – und ebenfalls viele schlechte – sind für beide Vorstellungen angeführt worden.

Mit jedem verflossenen Jahr erhöht sich die Fähigkeit der Menschheit zur Erforschung des Universums sowie die Fähigkeit des Gehirns, die instrumentellen Ergebnisse zu deuten. Je mehr Wissen wir über die Struktur des Universums sammeln, um so sicherer werden wir auf seine Frühgeschichte schließen können. So kommen wir der Frage seines Ursprungs und dem Problem der Schöpfung immer näher; doch werden wir jemals das Geheimnis der Schöpfung vollkommen begreifen? Und gab es denn eine Schöpfung?

Galaxien und Sterne

Eines der heikelsten Probleme der Physik besteht in der Frage nach dem Alter des Universums: Ist es unendlich alt, oder entstand es an einem bestimmten Punkt der Zeit? Ich werde diesen kosmologischen Aspekt hier nicht erörtern, da er ausführlich in einem meiner Bücher* behandelt wird. Wir wollen statt dessen einen Problemkomplex ganz anderer Art untersuchen, nämlich die Frage nach der Herausbildung der gegenwärtigen Struktur des Universums in der Umgebung unseres Planeten. Wenn wir annehmen, daß der Raum um uns zu einer bestimmten Zeit eine bestimmte Menge Materie enthielt, so fragen wir uns, wie diese Materie sich zu Galaxien verdichtete. Warum existiert ein Teil der Materie innerhalb unserer Galaxis in Form sehr stark verdünnten Gases, das große Teile der Galaxis ausfüllt, während andere Materie zu Himmelskörpern kondensiert ist? Warum schließlich ist mindestens einer dieser Himmelskörper – wir nennen ihn Sonne – von Planeten umgeben, zu denen auch die Erde gehört?

Diese Art von Problemkomplex ist in der Naturwissenschaft sehr verbreitet. Wir kennen den gegenwärtigen Zustand der Dinge ziemlich gut; wir nehmen an, daß die regulären Naturgesetze anwendbar sind – diese Annahme scheint vernünftig. Wir versuchen bis zu einem Ausgangspunkt zurückzugehen, über den wir noch einigermaßen plausible Angaben machen können,

* Hannes Alfvén, Kosmologie und Antimaterie, Frankfurt 1967.

und dann so gut wie möglich den Ablauf der Dinge im einzelnen zu verstehen. Der Grundcharakter des Problems ähnelt der »langen Kette der Komplikationen«, dem Abschnitt über Ursprung und Entwicklung des Lebens: Wir kennen den gegenwärtigen biologischen Zustand, das organische Leben auf der Erde und die Gesetze biologischer Entwicklung, und wir sind in der Lage, gewisse Grundannahmen über die Anfangsbedingungen zu treffen, d. h. über die möglichen chemischen Prozesse, die vor dem Erscheinen des Lebens auf der Erde stattfanden.

Von den Naturkräften, die am gegenwärtigen Zustand unserer Welt mitgewirkt haben, ist die Schwerkraft oder Gravitation die wichtigste. Alle Stoffe ziehen sich gegenseitig an, jedoch nimmt die Anziehungskraft rapide ab, wenn man den Abstand zwischen den materiellen Körpern vergrößert. Die Schwerkraft neigt dazu, Materie zusammenzubringen. Wenn im Raum aus irgendeinem Grunde eine Wolke dünnen Gases existiert, zieht die Gravitation die gesamte in der Wolke vorhandene Materie zu ihrem Zentrum, wo sie sich zusammenballt. Daher würde sich die Wolke schnell zu einem riesigen Masseball vereinen, wenn diesem Prozeß nicht die Wärme entgegenwirkte, die bei der Konzentrierung erzeugt wird. Wenn Antimaterie eine wesentliche Rolle spielt, ändern sich die Verhältnisse sehr. (Die Möglichkeit, daß in diesem Zusammenhang Antimaterie eine entscheidende Bedeutung besitzt, wurde im zweiten Kapitel angedeutet; siehe die Fußnote auf Seite 33.)

Geht die durch Gravitation bewirkte Konzentrierung in einem relativ kleinen Raumvolumen vonstatten, so kann ein Stern gebildet werden. Wenn dieser Stern groß genug ist, kann die von ihm ausgehende Strahlung eine abstoßende Kraft erzeugen, die verhindert, daß sich noch weiteres Gas dem Stern nähert.

Sind in verschiedenen Teilen der ursprünglichen Wolke Gebiete etwas höherer Dichte vorhanden, so kann auch eine Anzahl lokaler Kondensationen entstehen, wobei sich die Materie zu verschiedenen, getrennten Körpern zusammenzieht. Diese üben nun wieder Anziehungskräfte aufeinander aus, müssen

sich aber nicht unbedingt zu einem sehr großen Körper vereinigen. In der Regel beginnen sie nämlich umeinander zu kreisen, und die Zentrifugalkraft dieser Bewegung wirkt der Neigung zu weiterer Annäherung entgegen. Man kann annehmen, daß auf diese Weise ein Sternsystem wie eine Galaxis gebildet wird.
Wie wir im ersten Kapitel erwähnten, beruht die klassische Mechanik auf der Untersuchung der Bewegung von Körpern, und die allgemeine Gravitation ist eine der einflußreichsten Kräfte bei solchen Bewegungen. Mit Hilfe der Kenntnis der klassischen Mechanik können wir daher wenigstens im allgemeinen verstehen, wie Sterne und Sternsysteme erzeugt werden.
Wir wissen, daß ihre Existenz im wesentlichen der Wirkung der Gravitation zuzuschreiben ist und daß sie durch die Erzeugung von Wärme und durch Zentrifugalkräfte im Gleichgewicht gehalten werden. Wenn wir annehmen, daß die Materie im Universum in einem Anfangsstadium wenigstens zum Teil aus sehr dünn verteiltem Gas bestand, so dürfen wir folgern, daß sich dieses Gas zusammenzog, wobei bestimmte Kondensationen auftraten, die zur Bildung von Galaxien führten. Innerhalb der Galaxien entstanden dann weitere Kondensationen, die Sterne.
Für eine präzisere Beschreibung und ein genaueres Verstehen der Entwicklung der Sterne und der Sternsysteme müssen wir jedoch die Grenzen der klassischen Mechanik überschreiten und andere Zweige der Physik, einschließlich der Kernphysik, zu Hilfe nehmen. Die enormen Energien, die von den Sternen abgestrahlt werden, entstehen bei Kernprozessen in ihrem Innern. Die gleichen Kräfte, die bei der Explosion einer Wasserstoffbombe frei werden, erzeugen im Stern die Energie, die es ihm ermöglicht, Licht und Wärme über Millionen oder Milliarden von Jahren auszusenden. Daher ist die Kernphysik von entscheidender Bedeutung für unser Verständnis der Entwicklung des Universums. Sie kann uns daneben auch Antworten zum faszinierenden Problem des Ursprungs der verschiedenen Elemente liefern. Es ist möglich, daß die Elemente sich einmal aus Protonen und Neutronen aufgebaut haben, und es gibt viele

Vorschläge, wie, wann und wo dieser Aufbau stattfand. Vielleicht geschah ihre Bildung bei den ungeheuren Sternexplosionen der Supernovae*, die wir gelegentlich beobachten, oder aber schon in einem Frühstadium der Entwicklung des Universums.

Planeten und Satelliten

Wir können annehmen, daß die Sonne durch den gerade besprochenen Prozeß erzeugt wurde. Ein Gasgebilde mit Dimensionen einige hundert- oder tausendmal größer als die unseres gegenwärtigen Planetensystems begann zu kondensieren, und die Gravitation zog den größten Teil der Masse zur Bildung der Sonne zusammen. Die bei diesem Vorgang freiwerdende Wärme ließ die Temperatur im Innern der Sonne auf einige Zehnmillionen Grad ansteigen. Beim Überschreiten einer bestimmten Temperaturgrenze wurde der riesige Hochofen der Sonne gezündet, und es begann Kernenergie (thermonukleare Energie) freigesetzt zu werden. Die Sonne enthält genug Wasserstoff, um den Hochofen Milliarden von Jahren am Brennen zu halten, so daß sie verschwenderisch Wärme und Licht in den Raum ausstrahlen kann.

Diese Tatsache wäre wohl das einzig Bemerkenswerte für einen Astronomen, der auf einem Planeten um einen entfernten Stern kreiste und von dort aus die Sonne und ihre Umgebung beobachtete. Wir können uns vorstellen, daß er Einzelheiten, wie die Planeten, die die Sonne umkreisen, oder gar die einige tausend Asteroiden, nicht leicht entdecken würde. Noch weniger wahrscheinlich würde er bemerken, daß viele der Planeten wiederum von Satelliten umrundet werden. Für Wesen jedoch, die einen dieser Planeten bewohnen, sind solche Einzelheiten nicht ohne Interesse.

* Novae und Supernovae sind Sterne, die einen plötzlichen, sehr starken Lichtausbruch zeigen. Die Leuchtkraft kann auf das 5 000- bis 100 000fache ansteigen. Die Ursache dafür ist noch ungeklärt.

Wie entstanden die Planeten und ihre Satelliten? Die Frage nach dem Ursprung des Sonnensystems ist eines der faszinierendsten klassischen Probleme der Astrophysik. Sie wurde vor einigen hundert Jahren durch Laplace (1749-1827) ins Gespräch gebracht. Seine Idee war, daß sich durch die Rotation der Sonne während ihrer Kondensation eine Anzahl von Ringen vom Sonnenäquator abgelöst hätte, und sie hätten später die Planeten gebildet. Viele gewichtige Argumente wurden gegen diese gewöhnlich als Kant-Laplacesche bezeichnete Theorie angeführt. Nachdem verschiedene Berechnungen gezeigt hatten, daß eine Ablösung, wie sie Laplace vorgeschlagen hatte, nicht möglich war, versuchte man die Entstehung des Sonnensystems auf zahlreiche andere Weisen zu erklären. So entstand auch die Kollisionstheorie, die vor einigen Jahrzehnten durch die englischen Astronomen Jeans, Jeffreys und andere vorgeschlagen wurde. Danach sollte die Sonne einmal mit einem anderen Stern zusammengestoßen sein, wobei ein Gasstrom freigeworden wäre, der sich später zu den Planeten kondensiert hätte. Ein solcher Zusammenstoß ist jedoch höchst unwahrscheinlich, da die Entfernungen zwischen den Sternen viel zu gewaltig sind. Eine genauere Untersuchung zeigte noch weitere Schwächen dieser Theorie auf. Erstens ist das Planetensystem so regelmäßig aufgebaut, daß es unmöglich erscheint, die Planeten lediglich als übriggebliebene Splitter nach einem kosmischen Zusammenprall anzusehen. Darüber hinaus sind die größten Planeten, Jupiter, Saturn und Uranus, von Satelliten umgeben, die sehr reguläre Systeme vom gleichen Typ wie die Planeten bilden. Diese Entdeckung würde uns zu der noch unwahrscheinlicheren Annahme zwingen, daß auch diese Körper durch Zusammenstöße erzeugt wurden.

Es ist möglich, daß der gleiche Mechanismus, der die Planeten bald nach der Bildung der Sonne entstehen ließ, noch einmal *en miniature* die Satelliten der größten Planeten erzeugte. Mit anderen Worten: jeder große Himmelskörper neigt dazu, sich mit kleineren Körpern zu umgeben: Die Sonne besitzt ein Planetensystem, die größten Planeten besitzen ein Satellitensystem. Diese Erkenntnis führt uns wieder auf ähnliche Gedankengänge wie die von Laplace, wobei wir uns wieder den gleichen Schwächen gegenübersehen, die seiner Theorie nachgewiesen wurden.

Im gegenwärtigen Sonnensystem werden die Bewegungen der Planeten und Satelliten fast ausschließlich durch die Gesetze der klassischen Mechanik bestimmt. Auch die Laplacesche Theorie und ihre Modifizierungen beruhten auf der Annahme, daß bei der Bildung des Planetensystems nur mechanische Kräfte von Bedeutung waren.

Wahrscheinlich bildet diese Annahme die grundlegende Schwäche solcher Theorien. Wir haben gelernt, daß bei der Entstehung unseres Sonnensystems die Materie um die Sonne in gasförmiger Form vorlag und daß das Gas ionisiert, d. h. elektrisch leitend war. Nach allem, was wir heute über die Eigenschaften eines ionisierten Gases (Plasma) wissen, wird es sehr stark durch elektromagnetische Kräfte beeinflußt. Es ist daher wahrscheinlich, daß elektromagnetische Kräfte bei der Geburt des Sonnensystems entscheidenden Anteil hatten.

Wenn wir diese Idee als neuen Ausgangspunkt benutzen, sehen wir die Laplacesche Theorie aus einer anderen Perspektive, und wir können uns mit dem so erweiterten Wissen den Ursprung des Sonnensystems etwa in folgender Weise vorstellen. Nachdem die Sonne durch die Konzentration einer enormen Gaswolke gebildet worden war, blieben kleine Teile der Wolke in sehr großer Entfernung von der Sonne stehen. Die Gravitation fing an, dieses restliche Gas in Richtung auf den neugebildeten Stern zu ziehen; das solare Magnetfeld hielt jedoch das fallende Gas in unterschiedlichen Entfernungen von der Sonne fest – nämlich dort, wo die Planeten sich heute befinden. Gravitative und elektromagnetische Kräfte bewirkten also eine Konzentration und Kondensation des fallenden Gases, und das Ergebnis war die Bildung der Planeten. Nach der Entstehung der größten Planeten wurde der gleiche Prozeß in kleinerem Maßstab wiederholt, wobei die Satellitensysteme entstanden. So wurde der Planet, den wir heute bewohnen, von zwei großen Gegenspielern geschaffen: der Gravitation, die das Material zur glühenden Sonne zog, und dem Elektromagnetismus, der es in der richtigen Entfernung im Raum festhielt. Diese gleichen Grundkräfte bildeten auch alles, was uns ermöglicht, gerade diesen Planeten zu bewohnen – die Berge, das Wasser und die Luft.

Der Ursprung des Mondes

Der Mond ist für die Erde der nächste Nachbar im Raum. Bei dem Versuch festzustellen, wie er entstanden ist, müssen wir zunächst fragen, ob er auf die gleiche Weise geschaffen sein könnte wie die Monde der drei größten Planeten, Jupiter, Saturn und Uranus: durch den astrophysikalischen Prozeß, der im vorhergehenden Abschnitt beschrieben wurde. Die Antwort ist ein entschiedenes Nein, einfach deshalb, weil die Erde zu klein und der Mond zu groß ist. Der größte der Jupitermonde hat zum Beispiel nur ein Zehntausendstel der Jupitermasse, dagegen beträgt die Masse des Mondes mehr als ein Hundertstel der Erdmasse. Außerdem kann der Vorgang, durch den die Riesenplaneten Monde bekamen, wahrscheinlich bei so kleinen Körpern wie der Erde sowieso nicht stattfinden. Erde und Erdmond sind daher vermutlich nicht als Planet und Satellit zu betrachten, sondern eher als ein Doppelplanet, selbst wenn sie nicht die gleiche Masse besitzen.
Unsere Kenntnis der Gezeiten hat sich als äußerst wichtig für das Verständnis der Geschichte des Mondes erwiesen. Zweimal am Tage bewirkt der Mond, daß das Wasser der Ozeane steigt und wieder zurückflutet. Nach den Gesetzen von Aktion und Reaktion beeinflussen die Gezeiten – Ebbe und Flut – jedoch auch den Mond und ändern seine Bahn. Dies ist ein sehr geringfügiger Effekt, aber im Laufe von Millionen von Jahren wächst dadurch die Entfernung des Mondes von der Erde; gleichzeitig wird die Rotation der Erde langsamer. Der Erdentag wird also immer länger – allerdings nur um einige Tausendstel einer Sekunde im Jahrhundert.

Wenn der Mond sich jetzt von der Erde entfernt, muß man annehmen, daß er in der Vergangenheit näher gestanden hat. Es ist daher wahrscheinlich, daß vor sehr langer Zeit – vielleicht vor einer Milliarde Jahren – der Mond der Erde sehr nahe war. Hat vielleicht die Erde einmal unseren standfesten alten Mond hochgeschleudert, so daß die Russen und Amerikaner nun doch nicht die ersten waren, die ihre Miniaturmonde in den Raum schickten?

Vor ungefähr hundert Jahren stellte der englische Astronom Darwin die Hypothese auf, daß vor der Existenz des Mondes die Sonne riesige Gezeitenwellen auf der Erde hervorgerufen habe. Diese Wellen wuchsen so gewaltig, daß ein großer Teil der Erdmasse weggeschleudert wurde und später den Mond bildete. Andere Männer arbeiteten später diese Hypothese sorgfältig durch und kamen zu dem Ergebnis, daß der Mond eine Aushöhlung auf der Erde hinterlassen habe: den Pazifischen Ozean. Obgleich diese Hypothese durch populärwissenschaftliche Arbeiten in unverantwortlicher Weise verbreitet wurde, ist sie schon vor längerer Zeit widerlegt worden, und heute wird sie von den berufsmäßigen Astronomen nicht mehr ernst genommen.

Es steht für uns schon seit langer Zeit fest, daß der Mond auf keine Weise von der Erde stammen kann, da zur Abtrennung einer so großen Masse ein ungewöhnlich hoher Energiebetrag benötigt worden wäre. Wenn wir jedoch die Änderungen berechnen, die in der Mondbahn aufgetreten sein müssen, so finden wir, daß der Mond der Erde einmal sehr nahe gestanden haben muß. Woher kam er aber dann?

Um diese Frage zu beantworten, wollen wir die vier innersten Planeten, Merkur, Venus, Erde und Mars, betrachten. Auf den ersten Blick scheinen sie eine homogene Familie kleiner Planeten zu bilden, die sich von den großen Planeten Jupiter, Saturn, Uranus und Neptun unterscheiden. Studieren wir sie jedoch sorgfältiger, so finden wir, daß Mars nicht in ein System paßt, das für die anderen drei gilt. Zunächst würden wir als den vierten Planeten der Familie einen viel größeren als die Erde erwarten; die Masse des Mars beträgt jedoch nur ein Zehntel der Erdmasse. Weiterhin hat Mars eine Dichte von nur 4,1, die anderen drei Planeten besitzen Dichten zwischen 5 und 6. Wenn wir uns nach nahen Verwandten des Mars umsehen, so finden wir, daß möglicherweise der Mond dafür in Frage kommt. Wie der Mars, so hat auch der Mond eine geringe Dichte (3,3), und seine Masse, die ungefähr ein Zehntel der Marsmasse beträgt, würde man gerade bei einem Planeten mit einer Bahn zwischen Mars und Erde erwarten. Aus diesen Betrachtungen glaubt man schließen zu können, daß der Mond zur gleichen Zeit wie der Mars als ein Planet entstanden ist und daß er auf einer Bahn lief, die ihn zufällig sehr nahe an die Erde führte. Die Erde wäre danach unabhängig von Mars und Mond entstanden und in Wirklichkeit ein Mitglied einer Dreiplanetenfamilie – Merkur, Venus und Erde.

Auf diesen Erwägungen aufbauend, kann man mit einiger Wahrscheinlichkeit schließen, daß die Erde den Mond durch irgendeinen Zufall einfing und ihn von einem unabhängigen Planeten zu einem Satelliten degradierte. Diese Theorie weist jedoch – so attraktiv sie scheint – eine grundlegende Schwierigkeit auf: Ein eingefangener Körper würde notwendigerweise in großer Entfernung von der Erde kreisen, so daß sich der Mond, wäre er wirklich ein aufgegriffener Planet, auch auf einem großen Kreis um die Erde bewegt haben müßte; die Berechnungen der Gezeiten deuten jedoch an, daß während der Frühgeschichte der Erde der Mond sie in sehr geringem Abstand umkreiste.

Wir können diese Schwierigkeit beheben, wenn wir die Rechnungen des deutschen Astronomen Gerstenkorn über die Gezeitenwirkungen heranziehen. Mit höchster Präzision hat er die Änderungen berechnet, die in der Bahn des Mondes auftraten. Der Mond bewegt sich heute in einer Entfernung von 60 Erdradien um die Erde, und seine Bewegungsrichtung ist die gleiche wie die der Erdrotation (Vorwärtsbewegung). Seine Bahn ist im Mittel 23 Grad gegen die Äquatorebene der Erde geneigt. Gerstenkorn stellte fest, daß der Mond vor einer Milliarde Jahren der Erde viel näher war; er fand aber auch heraus, daß zu dieser Zeit die Bahn unter einem größeren Winkel gegen die Äquatorebene geneigt war. Dieser Neigungswinkel der Mondbahn muß noch früher so groß gewesen sein, daß der Mond direkt über die Erdpole wanderte, und wenn man die Rechnungen noch weiter zurückverfolgte, erhielte man eine Bewegung des Mondes entgegengesetzt zur Erdrotation, eine Rückwärtsbewegung. Damals wirkten die Gezeiten in umgekehrter Richtung als heute. Als Gerstenkorn daraufhin noch weiter zurückrechnete, fand er, daß der Mond einmal in so großer Entfernung von der Erde gelaufen sein muß, daß man ihn als unabhängigen Planeten bezeichnen konnte.

Es ist möglich, daß wir mit dieser Theorie den Schlüssel zur Frühgeschichte des Mondes in Händen halten; daneben würde eine Reihe anderer Probleme gleich mitgelöst. Aus dem Labyrinth mathematischer Formeln kristallisierte sich eine Folge katastrophaler und dramatischer Ereignisse in der Frühgeschichte der Erde und des Mondes heraus:

Der Mond, ursprünglich ein unabhängiger Planet mit einer Bewegung in der Nähe der Erdbahn, kam zufällig so dicht an der Erde vorbei, daß er eingefangen wurde und so statt der Sonne die Erde zu umkreisen begann. Da jedoch seine Bahn rückläufig war – d. h. seine Bewegung der Erdrotation direkt entgegenlief –, wirkten die Gezeiten genau in entgegengesetzter Richtung als heute. Der Mondbahndurchmesser wurde nach und nach immer kleiner, zur gleichen Zeit begann jedoch der Neigungswinkel zur Äquatorebene zu wachsen. Schließlich lief der Mond direkt über die Pole der Erde. Zu der Zeit betrug die Entfernung von der Erde nur drei Erdradien.

Hätte es damals Menschen auf der Erde gegeben, die den Mond und seine wechselnde Gestalt hätten beobachten können, so wäre er ihnen zunächst wie ein Planet erschienen, wie Venus oder Jupiter uns heute. Nach seinem Einfangen hätte er dann etwa so ausgesehen wie heute. Im Laufe der Jahrmillionen wäre er dem Beobachter jedoch immer größer erschienen, da er sich nach und nach der Erde näherte, bis seine Scheibe schließlich

den zwanzigfachen Durchmesser des heutigen Vollmonds erreicht hätte. Mit der Annäherung des Mondes an die Erde wuchs auch die Stärke der Gezeiten, und als der Mond der Erde am nächsten war, hatte die Flutwelle eine Höhe von mehr als eineinhalb Kilometern.
Die Mondfahrten geben uns nun die Möglichkeit, diese Theorie zu überprüfen. Durch ein genaues Studium unseres Erdtrabanten wird es uns vielleicht in absehbarer Zeit gelingen, die Entstehung des Erde-Mond-Systems präzise zu rekonstruieren.

Sind wir allein im Universum?

Künstliche Satelliten und Weltraumsonden haben die tiefgehenden Fragen des Menschen nach der möglichen Existenz von Leben auf anderen Welten im Universum wiederaufleben lassen. Innerhalb unseres eigenen Sonnensystems ist der Mars der einzige Körper, der eventuell Bedingungen für organisches Leben aufweisen könnte. Da jedoch die Sibirischen Tundren und die Gipfel des Himalaja ein Klima besitzen, das im Vergleich zum Marsklima angenehm zu nennen ist, kann man sich kaum vorstellen, daß sich dort höheres organisches Leben entwickelt haben könnte. »Menschen vom Mars« tauchen in Zukunftsromanen auf, aber sicherlich nirgendwo sonst.
Obgleich es unwahrscheinlich ist, daß innerhalb unseres Sonnensystems Wesen eine Zivilisation aufgebaut haben, die unserer eigenen irgendwie vergleichbar wäre, können wir die Möglichkeit nicht ausschließen, daß eine solche Zivilisation auf einem Planeten eines anderen Sterns existiert. Das kann natürlich nur eine vage Spekulation sein, jedoch sind Spekulationen dieser Art durchaus nicht uninteressant.
Der Behauptung liegt nämlich die Frage zugrunde, ob außer der Sonne noch andere Sterne von Planeten umgeben sein könnten. Wir vermögen darauf keine sichere Antwort zu geben. Um die Schwierigkeit einer genaueren Kenntnis dieser Dinge aufzuzeigen, wollen wir unser Sonnensystem in einem maßstäblichen

Modell darstellen, in dem die Sonne durch eine Orange repräsentiert wird und die Erde durch ein Sandkorn, zehn Meter von der Orange entfernt; der Abstand zu einer weiteren solchen Orange, zum nächsten Fixstern, entspräche dann der Entfernung zwischen Frankreich und New York. Der Nachweis von Planeten um einen Stern bedeutete eine so schwierige Aufgabe, als wenn man von einem Beobachtungspunkt in New York ein dunkles Sandkorn in zehn Meter Abstand von einer Orange in Frankreich entdecken wollte – eine solche Aufgabe könnte auch mit den modernsten astronomischen Instrumenten nicht gelöst werden.

Die Meinungen über die Existenz anderer Planetensysteme haben sich entsprechend unseren Ansichten über den Ursprung unseres eigenen Planetensystems geändert. Erinnern wir uns daran, daß die Verfechter der Kollisionstheorie an eine Entstehung des Planetensystems durch einen Zusammenstoß der Sonne mit einem anderen Stern vor einigen Milliarden Jahren glaubten. Da die Wahrscheinlichkeit einer solchen Kollision ebenso gering ist wie die Möglichkeit eines Zusammenstoßes zweier Orangen, die man in Frankreich beziehungsweise New York aufs Geratewohl abgeschossen hätte, so könnte man daraus schließen, daß wohl nur wenige der Hunderte von Milliarden von Sternen unserer Galaxis auf diese Weise hätten zusammenstoßen können. Daher schätzte man zur Zeit, als die Kollisionstheorie dominierte, die Zahl der Planetensysteme wie das unsrige sehr klein und glaubte, daß sich solche Systeme mit großer Wahrscheinlichkeit nicht in unserem Teil der Galaxis befänden.

Die Kollisionstheorie ist seitdem jedoch durch eine wahrscheinlichere Theorie ersetzt worden, wonach unser Planetensystem aus einem Prozeß hervorgegangen ist, der direkt mit der Entstehung der Sonne zusammenhängt. Obgleich wir immer noch sehr weit von einer Übereinstimmung in allen Einzelheiten betreffs des Ursprungs des Planetensystems entfernt sind, besagt die vorherrschende Meinung, daß es das Ergebnis nicht eines außergewöhnlichen himmlichen Ereignisses, sondern eines im Verlauf der Bildung eines Sterns vollkommen normalen Prozesses war. Daraus folgt, daß viele Sterne – vielleicht die meisten von ihnen – von Planeten umgeben sein können, die etwa die gleichen Eigenschaften besitzen wie die Planeten unserer Sonne. Das bedeutet mit großer Wahrscheinlichkeit, daß irgendwo ein Planet mit etwa den gleichen physikalischen und chemischen Bedingungen wie die Erde existiert und um einen Stern von der Größe der Sonne läuft.

Die nächste Frage betrifft die Möglichkeit des Vorhandenseins einer Form organischen Lebens auf einem solchen Planeten. Arrhenius' Meinung, daß das Leben sich durch den Raum mit Hilfe von »Keimen« ausbreiten könne, hat nicht mehr viele Anhänger. Allgemein wird heute eher angenommen, wie wir es im zweiten Kapitel besprachen – und wie es der russische Wissenschaftler Oparin und andere vorgeschlagen haben –, daß die einfachsten Lebewesen auf der Erde aus sehr komplizierten Kohlenstoffverbindungen entstanden, die unter dem Einfluß der überaus energiereichen Sonnenstrahlung und anderer Phänomene aus anorganischer Materie gebildet wurden. Diese Ansicht will damit ausdrücken, daß die Entstehung von Leben ein Ereignis darstellt, das unter Bedingungen, wie sie auf der Erde vor einigen Milliarden Jahren beim Auftauchen der einfachsten Lebewesen vorherrschten, ganz normal ist. Darüber hinaus ist nicht unmöglich, daß Leben auch unter Bedingungen, wie sie auf dem Mars herrschen, hätte entstehen können, und es ist sehr wahrscheinlich, daß es auf einem Planeten eines anderen Sterns existiert, wenn dieser Planet etwa den gleichen physikalischen und chemischen Aufbau wie die Erde besitzt.

Wenn diese Theorien richtig sind, sollten wir annehmen, daß von den Hunderten von Milliarden Sternen in unserer Galaxis einige Milliarden oder wenigstens einige zehn oder hundert Millionen von Planeten umkreist werden, die lebende Organismen auf ihrer Oberfläche tragen. Hat sich das Leben auf irgendeinem dieser Planeten in ähnlicher Weise wie auf der Erde entwickelt? Hat die lange Kette der Komplikationen dort auf die gleiche Weise funktioniert? Ist das Ergebnis eine Form, die dem Menschen ähnelt? Und wenn ja, werden wir in der Lage sein, mit diesen Wesen irgendeinen Kontakt aufzunehmen? Die Entwicklung der Raketentechnik hat uns ermöglicht, Raumschiffe zu bauen, für die der Mars erreichbar ist. Daher werden wir uns in absehbarer Zukunft vergewissern können, ob dort Leben existiert. Im Augenblick sieht es so aus, als ob kein Leben vorhanden sei. Mit Gewißheit ist die Venus unbewohnt. Reisen zu anderen Planeten innerhalb des Sonnensystems werden in nicht zu ferner Zukunft ebenfalls möglich werden; aber die Aussicht, höhere Formen des Lebens innerhalb unseres Planetensystems zu finden, ist denkbar gering. Eine Reise zu einem erdähnlichen Planeten eines anderen Sonnensystems ist wegen der enormen Entfernungen, die man überwinden müßte, so schwierig, daß wir gegenwärtig keine Möglichkeit der Realisierung sehen. Ein Raumschiff, das das Sonnensystem mit der Geschwindigkeit der gegenwärtigen Satelliten oder Weltraumschiffe verlassen würde, benötigte etwa 100 000 Jahre bis zum nächsten Stern. Selbst wenn man die Geschwindigkeit mit 100 multiplizierte – was einen enormen technischen Fortschritt bedeutete –, würde die Reise 1000 Jahre dauern. Es besteht daher keine direkt absehbare Möglichkeit für uns, durch die Anwendung irgendeines der heute bekannten Phänomene in die Lage zu kommen, ein unbemanntes Raumschiff abzuschicken, das die Bedingungen um die nächsten Sterne untersuchen könnte.

Es gibt nur eine Möglichkeit, die Existenz von Leben auf Planeten in entfernten Sonnensystemen festzustellen, nämlich dann, wenn sich solches Leben in intelligente Wesen entwickelt hat, die sehr fortschrittliche Radio- oder Raketentechniken besitzen. Es ist theoretisch möglich, daß uns ein Radiosender auf einem Planeten eines anderen Sonnensystems unserer näheren Umgebung mit hörbaren Signalen erreichen könnte. Der dazu notwendige Sender müßte sehr stark sein, sich jedoch verwirklichen lassen. Allerdings müßte die Sendeenergie direkt auf unser Sonnensystem gebündelt werden. Man hat Vermutungen darüber angestellt, welche Wellenlänge diese hypothetischen

Wesen wählen und welche Art Signale sie aussenden würden, wenn sie glaubten, daß wir existierten und eine ausreichend entwickelte Radiotechnik besäßen, um die Signale zu empfangen. Wenn wir solche Signale aufnehmen und eine riesige Sendestation bauen würden, mit der wir antworten könnten, wäre eine wenn auch sehr schwierige Zweiweg-Verbindung möglich. Da Radiowellen sich mit Lichtgeschwindigkeit fortpflanzen, würde eine Nachricht zum nächsten Stern vier Jahre brauchen, d. h. es würden wenigstens acht Jahre verstreichen, bevor wir Antwort auf ein Telegramm erhielten, das wir zu einem Planeten um diesen Stern gesandt hätten. Es ist jedoch höchst unwahrscheinlich, daß gerade einer unserer nächsten Nachbarn in der Lage wäre, mit uns Kontakt aufzunehmen. Eine etwas eher mögliche Verbindung würde über eine Distanz von beispielsweise 100 Lichtjahren gehen; auf eine Antwort von diesem Planeten hätten wir 200 Jahre zu warten. Wenn wir dann als Ergebnis der Entwicklung einer besonders scharfsinnigen Intelligenz imstande wären, die Bedeutung der Signale zu verstehen, könnte sich ein hochinteressanter Austausch von Mitteilungen entwickeln. Eine andere Möglichkeit des Kontaktes täte sich auf, wenn die Bewohner des entfernten Planeten durch ihre Raketentechnik in der Lage wären, ein Raumfahrzeug auszusenden, mit dem wir auf kurze Entfernung in Verbindung treten könnten. Solche Spekulationen liegen den Geschichten von den »fliegenden Untertassen« zugrunde.
Da wir noch darauf warten, irgendwelche Radiosignale von entfernten Planeten zu hören oder irgendwelche Raumschiffe von ihnen zu beobachten, spricht absolut nichts dafür, daß entfernte Zivilisationen existieren. Ob wir an ihre Existenz glauben sollen, ist eine Frage für Biologen, Soziologen und Historiker. Nehmen wir einmal an, daß es viele bewohnbare Planeten in unserer Galaxis gibt; wie groß ist dann die Wahrscheinlichkeit, erstens, daß Leben auf ihnen auftaucht, und zweitens, daß sich dieses Leben dann in einer Weise entwickelt, die zur Entstehung eines so komplizierten Organismus wie dem Menschen führt? Das ist eine Frage, die kein Biologe beantworten kann,

aber sie läßt sich vielleicht durch ein genaues Studium der biologischen Entwicklung klären. War es purer Zufall, der jeden der vielen Schritte in dieser Entwicklung bestimmte: das Auftauchen der einfachsten lebenden Gebilde, der Zellen, der vielzelligen Wesen, der immer komplizierteren Nachkommen und schließlich des Menschen? Oder steuerte die biologische Entwicklung in unausweichlicher und regulärer Weise auf die größere Komplikation zu? Und wann wurde – nachdem der Mensch sich entwickelt hatte und seine gesellschaftlichen Strukturen entstanden waren – eine wissenschaftliche und technische Kultur nötig, mit der man Entfernungen zu den Sternen messen und an ihre Eroberung denken konnte? War alles nur eine Kette so einzigartiger Zufälle, daß sie aller Wahrscheinlichkeit nach nur an einem Ort, nämlich hier auf der Erde und nirgendwo sonst in der Galaxis, stattfinden konnte? Wir wissen nicht genug über das Funktionieren der Gesellschaft und die Wege, auf denen sie sich entwickelte, um zu bestimmen, ob wir einzigartig sind im Universum.
Die Vorstellung, daß wir einmal in die Lage kommen könnten, mit intelligenten Wesen auf einem anderen Himmelskörper in Verbindung zu treten, ist so verlockend, daß wir unsere Aufmerksamkeit nur schwer von ihr abwenden können. Sicherlich werden wir auch weiterhin Zeitungsberichte über Radiosignale und Untertassen von anderen Welten lesen können; die Wahrscheinlichkeit ihrer Richtigkeit ist jedoch sehr gering. Wenn so himmelweit entfernte Kulturen wirklich existieren, sind die Hindernisse, mit ihnen eine Verbindung herzustellen, so groß, daß wir in absehbarer Zukunft Beschreibungen von Leben auf fernen Welten nur von phantasievollen Schriftstellern erwarten können.

5 Naturwissenschaft und Geschichte

In den vergangenen Jahrzehnten fand auf dem Gebiet der Naturwissenschaft und Technik eine außerordentlich dynamische Entwicklung statt. In weniger als einem Vierteljahrhundert sind wir in mehrere neue »Zeitalter« eingetreten: das atomare Zeitalter, das die Kriegführung und die Weltpolitik revolutionierte; das Zeitalter der Computer, die im Begriff sind, innerhalb der Gesellschaft eine Revolution der Organisation durchzuführen; und vielleicht das wichtigste von allen, das Zeitalter der Raumfahrt, das den Menschen zum erstenmal in die Lage versetzte, die Erde zu verlassen. Im Vergleich zu der langsamen Entwicklung der vorangegangenen fünfzig oder mehr Jahrhunderte, über die wir einige historische Kenntnisse besitzen, scheint die des zwanzigsten Jahrhunderts, besonders die der letzten fünfundzwanzig Jahre, wirklich rapide zu sein. Viele Menschen mit humanistischen Neigungen, die glauben, daß früher die Veränderungen in für die menschliche Gesellschaft normalen Zeiträumen vonstatten gingen, sind verstört und vielleicht sogar aufgebracht über das rasante Tempo, das von Naturwissenschaft und Technik angeschlagen wird.
Die Naturwissenschaft liefert jedoch gleichzeitig einen vollständig anderen Aspekt dieser Entwicklungsrate, nämlich den Blick aus einer geologischen oder kosmologischen Perspektive, die den Menschen und seine Kultur aus weiter Sicht betrachtet. In diesen Wissenschaftsgebieten wird nämlich die Dauer von Ereignissen nicht in Jahren oder Jahrzehnten oder Jahrhunderten gemessen; die Zeitskala teilt sich eher in Millionen oder Milliarden von Jahren. Es ist ein interessanter Versuch, die Entwicklung der Menschheit, d. h. sowohl ihre schrittweise historische Evolution als auch den raschen Fortschritt, den wir jetzt durchleben, in den geologisch-kosmologischen Zusammenhang einzufügen. Zunächst erscheint es jedoch schwierig, so lange Zeitspannen, wie sie in diesen Gebieten auftreten,

überhaupt zu erfassen. Obgleich wir natürlich leicht von Millionen oder Milliarden Jahren sprechen können, verstehen nur wenige von uns die wirkliche Bedeutung solcher Zahlen. Tausend Jahre sind eine lange Zeit, eine Million Jahre sind sicher länger und eine Milliarde Jahre noch länger, aber die Verhältnisse dieser Perioden liegen jenseits der täglichen Erfahrung des Menschen.

Wir wollen uns daher eine verkürzte Zeitskala herstellen, so daß wir die Entwicklung des Menschen zu der geologischen Entwicklung in Beziehung setzen können: Wir legen einmal zugrunde, daß eine Sekunde hundert Jahren entspricht; dann entstand die Erde als Ergebnis eines kosmogonischen Prozesses vor etwas mehr als einem Jahr. Das Leben erschien auf der Erde vor einigen Monaten. Der Übergang vom Affen zum Menschen fand vor ein bis zwei Stunden statt. Die Geschichte lehrt uns, daß sich die kulturelle Entwicklung der Menschheit im Laufe der letzten 6 000 Jahre abspielte, so daß sie auf unserer verkürzten Zeitskala vor einer Minute begann. Die industrielle Revolution ereignete sich während der letzten Sekunde, und die modernen Zeitalter – das Atomzeitalter, das Zeitalter der Computer und das Zeitalter der Raumfahrt – wären alle in den letzten Zehnteln der vergangenen Sekunde angebrochen.

In der jahrmillionenlangen historischen Entwicklung der Erde stellt die »Minute«, die wir gerade hinter uns gebracht haben, daher etwas außerordentlich Bewegtes und Bemerkenswertes dar. Aus kosmologisch-geologischer Sicht hat sich der gesamte Lauf der Menschheitsgeschichte in rasendem Tempo abgewickelt. Der Übergang vom primitiven Ackerbau zu unserer Zeit kann mit einer Explosion verglichen werden. Alles, was die Geschichte beschreibt, hat in der letzten Minute der jahrelangen Existenz der Erde stattgefunden. Wir können uns fragen, ob sich zu irgendeiner Zeit in der früheren Geschichte der Erde ein ebenso dramatisches Ereignis wie die Menschheitsgeschichte zugetragen hat.

Es ist anzunehmen, daß früher ähnlich rapide Veränderungen

ein- oder zweimal aufgetreten sind. Zum Beispiel können die riesigen Gezeitenwellen, die nach bestimmten Rechnungen durch die große Nähe des Mondes hervorgerufen wurden, sehr schnelle geologische Veränderungen zur Folge gehabt haben. Solche Betrachtungen gehen jedoch über den Rahmen unserer gegenwärtigen Thematik hinaus. Das andere, wichtigere Ereignis, das möglicherweise ebenso explosiv vor sich ging wie die Menschheitsgeschichte, ist das Auftauchen des Lebens. Vor seiner Entstehung war die Erde steril. Im Laufe vieler Hunderte von Millionen von Jahren entstanden immer kompliziertere chemische Verbindungen. Schließlich erlangten Anhäufungen von Molekülen einen Grad an Kompliziertheit, der es ihnen ermöglichte, sich zu reproduzieren und durch Aufnahme von Nahrung aus ihrer Umgebung auch zu wachsen. Es ist möglich, daß dadurch eine sehr plötzliche Entwicklung einsetzte. Wenn die ersten Organismen so enorme Fähigkeiten zur Vermehrung besessen haben, wie wir sie bei den heute existierenden Mikroorganismen vorfinden, hätten sie sich innerhalb sehr kurzer Zeit über die ganze Erde verbreiten können. Es ist wahrscheinlich, daß ihre Fähigkeit, sich zu vermehren, geringer war; trotzdem beherrschte das primitive Leben innerhalb kurzer Zeit, vielleicht innerhalb von Minuten unserer verkürzten Skala, einen Teil der Erde, der Formen von Leben zuließ – wahrscheinlich besonders die Meere. Nach dieser explosionsartigen Entwicklung des Lebens ging sie im folgenden mehr schrittweise vor sich. Die Differenzierungs- und Auswahlprozesse, die in den anschließenden geologischen Zeitaltern stattfanden, ließen eine wachsende Zahl von Arten entstehen, bis der Mensch erschien und auf der Erde eine neue und dramatische Epoche einleitete.

Es erhebt sich nun die Frage nach der nächsten Stufe unserer Entwicklung. Was wird in der nächsten »Sekunde«, der nächsten »Minute« und der nächsten »Stunde« passieren?

Der beherrschende Faktor ist gegenwärtig die Entwicklung von Wissenschaft und Technik, die der Menschheit vollständig neue Lebensbedingungen beschert haben. Dank der modernen

Technik kann die Erde eine viel größere Bevölkerungszahl auf einem viel höheren Lebensstandard als jemals zuvor ernähren. Die Medizin ist so weit fortgeschritten, daß es ohne ernsthafte Schwierigkeiten möglich ist, eine natürlich den Lebensstandard herabsetzende Bevölkerungsexplosion aufzuhalten, gleich wie schnell die moderne Wissenschaft Mittel entwickelt, um diesen Standard zu heben. Wissenschaftlich und technisch sind wir in der Lage, die Bevölkerung der Welt auf einer optimalen Zahl zu halten und dieser Bevölkerung zu gestatten, einen sehr hohen Lebensstandard zu genießen. Das einzige Hindernis bei der Verwirklichung dieser optimistischen Vision besteht in der chaotischen Situation, die man in der Weltpolitik vorfindet. Es gibt viele Menschen, die große Not leiden, nicht, weil wir sie nicht ernähren könnten, sondern weil zu viele Weltpolitiker für ihre Aufgabe untauglich sind. Wir können hier nicht die möglichen politischen Lösungen dieser Probleme erörtern. Wir wollen jedoch einige Wirkungen von Naturwissenschaft und Technik auf die heutige Welt betrachten, sowie einige der Möglichkeiten, die aus der derzeitigen weltpolitischen Sackgasse führen könnten.
Der beherrschende Zug des gegenwärtigen Jahrhunderts ist der exponentielle Anstieg menschlichen Wissens und menschlicher Fähigkeiten. Innerhalb kurzer Zeit – sagen wir: weniger Sekunden unserer verkürzten Zeitskala – werden die sich rapide ausdehnende Wissenschaft und Technik uns die Erfüllung vieler Wünsche erlauben. Die Entwicklung der Kommunikationsmedien hat die Distanzen auf unserem Planeten schrumpfen lassen; tatsächlich behaupten manche, daß die Größe der Erde sich so stark verringert habe, daß sie vielleicht zu klein für die menschliche Technologie zu werden beginnt. Es ist sicher richtig, daß Wissenschaft und Technik die Erde in immer wachsendem Maße umwandeln. Die natürlichen Ressourcen werden verbraucht, einige von ihnen sind bereits erschöpft. Luft und Wasser werden verunreinigt; in den Waffenlagern der Supermächte liegen genug Atombomben, um den gesamten Planeten radioaktiv zu verseuchen. Bald wird es möglich sein, das Klima

zu beeinflussen. Die Zusammensetzung der Luft hat sich seit dem Beginn der industriellen Revolution merklich verändert, und sie wird noch weiter verändert werden. Daher kann man wirklich leicht glauben, die Erde werde für Wissenschaft und Technik der Zukunft zu klein.

Aus diesen Überlegungen kann man folgern, daß der Beginn des Raumzeitalters vielleicht das wichtigste Ereignis im Laufe der Menschheitsgeschichte darstellt (mit Ausnahme möglicherweise des begonnenen Zeitalters der Computer). Der Mensch kann sich jetzt von der Erde frei machen, die zu klein geworden ist, seine schöpferischen Kräfte zu beherbergen, und er kann sich hinaus in den Raum bewegen, der ihn umgibt. Die Frage ist, was ihn dazu veranlassen wird.

Seit uns der Start des ersten Raumfahrzeugs neue Horizonte eröffnete, hat sich die Forschung auf die für den Raumflug günstigsten Bedingungen und auf die elektromagnetischen Verhältnisse in dem uns unmittelbar umgebenden Gebiet des Raumes konzentriert. Mondlandungen wurden und werden unternommen; Astronomen bringen Sternwarten von der Erde auf Raumschiffe und auf den Mond, wo sie ohne Behinderung durch die Atmosphäre arbeiten können. Einzelne Raumschiffe haben die Venus und den Mars erreicht, um Beobachtungen dieser Körper aus geringem Abstand durchzuführen. Welches sind jedoch die Möglichkeiten für weitere Betätigungen im Raum? Was wird in den nächsten wenigen »Sekunden« und »Minuten« geschehen?

Die Antwort darauf hängt sehr davon ab, wieviel Phantasie und Tatkraft der Mensch zu entwickeln in der Lage sein wird. Sollten diese durch politische Bedingungen beschränkt werden, so dürfte auf dem Gebiet der Raumfahrt kaum ein Fortschritt erfolgen. Daß eine sich ständig erweiternde Technik auf einen Planeten beschränkt bleibt, der schon zu klein für sie geworden ist, zeigt vielleicht deutlicher als alles andere den zerstörerischen Aspekt dieser Technik. Ohne Frage liegt die Gefahr der Zerstörung in der Gewalt dieser Größe, wenn sie auf ein zu kleines Gebiet beschränkt wird. Vielleicht kann eine Katastro-

phe nur dann vermieden werden, wenn der Mensch genügend Voraussicht und Imagination besitzt, die Technik und mit ihr sich selbst hinaus in den Raum auszudehnen.
Welche Möglichkeiten zur Erforschung und Besiedlung des Raumes gibt es? Unter den Himmelskörpern, die uns am nächsten stehen, bietet nicht in erster Linie der Mond eine Möglichkeit zum Leben, da er ein recht lebensfeindliches Klima und keine Atmosphäre hat. Die Marsatmosphäre ist zu dünn, als daß sie menschliches Leben zuließe. Die der Venus ist zu dicht, und außerdem ist ihre gegenwärtige Zusammensetzung nicht besser als die Marsatmosphäre für menschliches Leben geeignet.
Doch beachten Sie die Wendung »gegenwärtig.« Zur Zeit, als das Leben auf der Erde erschien, war auch unser Planet »unbewohnbar«. Seine Atmosphäre ähnelte vielleicht der heutigen Venusatmosphäre. Sie bestand wahrscheinlich hauptsächlich aus Kohlendioxid, und da sie sehr wenig Sauerstoff enthielt, konnten die »höheren« Formen des Lebens dort nicht existieren. Als jedoch das Leben erschien, begann es selbst, die Lebensbedingungen zu ändern. Die Erde ist für höheres Leben nur bewohnbar geworden, weil das primitive Leben die Fähigkeit besitzt, die Bedingungen auf der Erde abzuwandeln. Diese Veränderung war eines der wichtigsten Ereignisse der ersten Explosion in der Geschichte des Lebens – der Explosion des Lebens selbst. Welches wird das Ergebnis der zweiten großen Explosion sein – der Explosion der menschlichen Technik?
Wir wissen, daß sich das Leben sehr stark vermehrte, als die Molekülanhäufungen erst einmal kompliziert genug geworden waren. Heute haben die Menschen gelernt, miteinander und mit den Maschinen, die sie geschaffen haben, zusammenzuarbeiten. Die Einführung der Computer ist in der Gesellschaft von entscheidender Bedeutung gewesen. Die Explosion der Technik ist im Begriff, die gesamte Erde zu verändern; auf der einen Seite wird die Erde wohnlicher, auf der anderen Seite unwohnlicher. Wenn die Technik auf diese Weise einen gesamten Planeten, nämlich die Erde, revolutionieren kann, so wird sie

bald in der Lage sein, auch andere Planeten umzugestalten. Obgleich Mars und Venus nicht bewohnbar sind, wäre es eine lohnende Aufgabe für eine expandierende Technik, sie dazu zu machen. Unsere Vorfahren, die Mikroorganismen, veränderten die Erde. Warum sollten wir nicht in der Lage sein – vielleicht mit Hilfe von Mikroorganismen –, die Nachbarplaneten in wohnliche Orte zu verwandeln, die unser wachsendes Geschlecht aufnehmen könnten?

Dies ist vielleicht eines der wichtigsten Ereignisse, die in der nicht zu fernen Zukunft stattfinden werden. Die »Sekunden«, die wir jetzt durchleben, sind daher eine Vorbereitung auf die »Minuten« oder vielleicht »Stunden«, während derer das Leben, das auf der Erde erschienen ist, seine kosmische Expansion beginnen wird.

Naturwissenschaft und Weltbild

Als Abschluß dieses Überblicks wollen wir die Weltanschauung der Naturwissenschaft und ihre Beziehung zur Religion betrachten, wobei wir sehr wohl wissen, daß ein solcher Gegenstand viel zu umfangreich für einen kurzen Abschnitt ist (man könnte allerdings eine ähnliche Bemerkung zu jedem Abschnitt dieses Buches machen!). Ohne Zweifel herrschten lange Zeit in Religion und Wissenschaft gegensätzliche Auffassungen vor. Als der fortschrittliche Charakter der Wissenschaft zu offensichtlich wurde, versuchten die Hüter der Religion, die Entfaltung der Wissenschaft durch Zensur und Verfolgung aufzuhalten. Die Inquisition erkannte sehr richtig, daß viele der behütetsten Dogmen der Christenheit ernsthaft bedroht würden, wenn man den kritischen Geist, der die Wissenschaft ja erst ins Leben ruft, nicht unterdrückte. In ähnlicher Weise waren viele Verteidiger der Naturwissenschaft scharfe Kritiker der Religion. Es steht allerdings außer Frage, daß auch viele hervorragende Naturwissenschaftler tief religiös gewesen sind. Sicherlich kann man manche religiöse Feststellung von Wissenschaftlern – besonders in früheren Zeiten – dem Wunsch zuschreiben, nicht in einen möglicherweise gefährlichen Konflikt mit den kirchlichen Autoritäten zu geraten. Andere, ähnliche Äußerungen wurden getan, weil viele – vielleicht die meisten – Wissenschaftler so sehr von ihrem Spezialgebiet in Anspruch genommen waren, daß sie sich niemals ernsthaft mit diesen grundlegenden Dingen beschäftigt hatten und daher die konventionelle Religion unkritisch übernahmen. Es ist jedoch nicht unmöglich, dem Leben auf der Erde einerseits eine wissenschaftliche Ursache zuzuschreiben und zur gleichen Zeit religiös zu sein, solange das Wort Religion nicht in seiner engen und herkömmlichen Bedeutung gebraucht wird. Ja, es ist eigentlich kaum möglich, die lange Kette der Komplikationen zu verfolgen, ohne ein bestimmtes, religiös gefärbtes Gefühl der Ehrfurcht für das von der Natur hervorgebrachte Wunder zu entwickeln – ein Wunder, das um so faszinierender erscheint, da es kein einfacher Taschenspielertrick ist. Jedes Glied der Kette ist klein, einfach und leicht zu begreifen – auf jeden Fall ist es das Ziel der Wissenschaft, es so erscheinen zu lassen –, doch erst die gesamte Kette stellt das große Wunder vom Atom zum Menschen dar.

Ein Gott, der persönlich und wiederholt in den Lauf der Ereignisse eingreift, um seine Anbeter zu begünstigen und seine Widersacher zu bestrafen, ist mit wissenschaftlichem Denken natürlich völlig unvereinbar. Außerhalb der Grenzen menschlicher Beobachtung ist jedoch zumindest die Möglichkeit einer göttlichen Quelle zulässig. Ganz gleich, bis wann wir die »geschriebene« kosmologische Geschichte mit Erfolg zurückverfolgen können, und ganz gleich, wie weit wir uns zu den fundamentalsten Gesetzen der Natur vortasten, es wird immer noch etwas jenseits davon geben. Wir sind weder in der Lage, auf die Fragen nach der Schöpfung der Welt eine Antwort zu geben, noch können wir sagen, was vor den ältesten Ereignissen lag, von denen wir wissen. Wenn man daher zur Antwort gibt, daß die Welt von Gott oder Brahma oder dem Schöpfer erschaffen wurde, so gerät man in keinen besonderen Konflikt mit der

Wissenschaft. Wir handeln auch nicht wissenschaftlichem Denken zuwider, wenn wir sagen, daß die Naturgesetze – oder das grundlegendste Naturgesetz – von Gott aufgestellt wurden und daß die Allmächtigkeit und Allgegenwart, die die Wissenschaft den Naturgesetzen zugesteht, auch Vishnu, dem Erhalter, zugeschrieben werden kann.

Es sei jedoch wenigstens ein atheistischer Ausblick gerechtfertigt. Wir haben im dritten Kapitel schon kurz die Frage nach der Seele aufgegriffen. An diesem Punkt wird der Streit zwischen Religion und Wissenschaft besonders deutlich. Ist die Seele, wie es die Idealisten behaupten, von anderer Natur als der Körper? Kam sie aus einer höheren, geistigen Welt – aus der sie nach dem Fall verbannt wurde – herab auf diese Welt, wo sie für eine Weile in Sünde und einer materiellen Gestalt gefangen ist? Oder ist sie etwas, was das Gehirn hervorbringt, wie die Leber Galle absondert und wie es die radikalsten Materialisten behauptet haben?

Der Konflikt zwischen den beiden Auffassungen war immer sehr stark emotional gefärbt. Der Idealist ist schnell dabei, den Materialisten als »radikal« abzustempeln, und glaubt dabei, daß dessen Unfähigkeit, sich zur idealistischen Anschauung »emporzuheben«, auf einer Unfähigkeit beruhe, geistige Werte zu erfassen. Für einige Idealisten würde das Leben seinen Sinn verlieren, wenn sie nicht an eine höhere, geistige Wirklichkeit glauben könnten. Die Materialisten erwidern, daß die Religion Opium für das Volk sei und aus Mythen bestehe, die von Priestern erfunden und verbreitet wurden und in Wirklichkeit negativen sozialen Zielen dienen.

Die Fürsprecher der Religionen haben die Naturwissenschaft oft beschuldigt, materialistisch zu sein, und das ist im ganzen richtig. Besonders in den Frühstadien ihrer Entwicklung beschäftigte sich die Naturwissenschaft fast ausschließlich mit dem Stofflichen und den weltlichen Begebenheiten, Dingen, die von den Idealisten verachtet wurden: mit dem Fallen von Steinen, dem Strömen von Flüssigkeiten und mit chemischen Reaktionen. Durch eine Schulung des kritischen und konstruktiven Denkens und der daraus folgenden Verbesserung ihrer Fähigkeit, die Welt methodisch zu beobachten und zu untersuchen, vermochten die Wissenschaftler immer unfaßbarere Naturphänomene zu erforschen. Die beiden entscheidenden Durchbrüche waren die Quantenmechanik und die Relativitätstheorie. Die Quantenmechanik hat uns gezeigt, daß die Materie aus Elementarteilchen besteht, die von einem bestimmten Standpunkt aus als Wellenbewegungen betrachtet werden müssen. Die Relativitätstheorie hat ergeben, daß Materie und Energie äquivalent sind; die Materie kann daher als eine Form der Energie angesehen werden. Diese neuen Beobachtungen sollten die rein emotionale Reaktion auf den Materialismus entscheidend verändern. Es ist nicht länger möglich, alle Materie »gewöhnlich« oder den Materialismus »radikal« zu nennen, weil unsere Vorstellung von der Materie jetzt abstrakter – wir könnten auch sagen: vergeistigter – als jede religiöse Vorstellung von Gott oder einem anderen göttlichen Wesen geworden ist. Es ist leicht verständlich, warum ein Idealist mit einer erhabenen Vorstellung seiner eigenen Seele und ihrer Geheimnisse nicht den Gedanken akzeptieren will, daß diese eine materielle Grundlage besitzt, solange er mit dem Wort Materie etwas real Fühlbares, eine mechanische Maschine oder einen Automaten verbindet. Seine Abneigung wird jedoch vielleicht verschwinden, wenn Materie als »eine Form der Energie oder eine Welle der Bewegung« definiert wird. Warum sollten wir jedoch nach allem zögern, das Wort »Materialismus« beizubehalten, so wie es von den vielen Auseinandersetzungen geprägt wurde? In Wirklichkeit wurde dem alten Materialismus die Grundlage entzogen, als die Physik selbst eine besondere »idealistische« Vorstellung von Materie entwickelte.

Ob die Weltanschauung der Naturwissenschaft eine idealistische oder materialistische ist, läuft daher letzten Endes nur auf die unbedeutende Frage der Bezeichnungsweise hinaus. Wirklich entscheidend wichtig ist die Frage nach der Möglichkeit, eine einheitliche Weltanschauung zu bekommen, die auf wissenschaftlichen Daten beruht. Zu diesem Zwecke ist es von grundlegender Bedeutung, eine Lösung der Widersprüche um die Natur der Seele zu finden. Die wissenschaftliche Analyse geistiger Phänomene wird auf dem Gebiet der Nervenphysiologie durchgeführt, die sich mit der Funktionsweise des Gehirns und des Nervensystems befaßt. In Übereinstimmung mit der wissenschaftlichen Methode besteht bei einer solchen Analyse der erste Schritt des Physiologen darin, die allereinfachsten Phänomene zu verstehen. Dadurch bekommt er ein Grundwissen, mit dessen Hilfe er wenigstens die allgemeinsten Züge von Erscheinungen größerer Kompliziertheit beschreiben kann. Bei der Analyse geistiger Phänomene würden wir daher mit den Reflexen des menschlichen und tierischen Körpers beginnen. Die Forschungen des russischen Physiologen Pawlow über die Reaktionen von Hunden sind dafür besonders aufschlußreich geworden.*

Mit Pawlows Experiment können wir wenigstens die allgemeine Physiologie verstehen, die den psychologischen Prozessen des Hundes zugrunde liegt. Die psychologischen Prozesse menschlicher Wesen sind unvergleichlich viel komplizerter als die des Hundes; aber gibt es wirklich auch nur einen Grund anzunehmen, daß irgend etwas grundsätzlich Neues dabei eine Rolle spielt? Ist der Unterschied zwischen den Reaktionen eines Menschen und eines Hundes größer als der zwischen zwei Gliedern in der langen Kette der Komplikationen?

Ganz gewiß ist ein äußerst bemerkenswertes und anscheinend unergründliches Element im menschlichen Bewußtsein vorhanden, das die Versuche des Menschen bestimmt, alles, einschließlich sich selbst, zu ergründen und zu verstehen; doch wenn wir uns auf die Erfolge der Vergangenheit besinnen, bei denen die Wissenschaft einen Zusammenhang zwischen sehr verschiedenen Erscheinungen gefunden hat, können wir die Möglichkeit nicht als sinnlos von der Hand weisen, daß eines Tages sogar das Bewußtsein und die Seele vollständig analysiert

* Siehe dazu D. S. Blough/P. McBride Blough, Psychologische Experimente mit Tieren. suhrkamp wissen 7.

und verstanden werden. Dann aber werden wir die Voraussetzungen für eine einheitliche Weltanschauung besitzen.

Wenn die Materialisten gelegentlich die geistigen Prozesse des Menschen mit der Arbeitsweise einer Maschine verglichen, stieß dieser Vergleich bei den Idealisten auf entrüstete Proteste. Zugegeben, wenn man »Maschine« lediglich als etwas definiert, das automatisch nach einem festen Schema funktioniert, dann bedeutet es wirklich eine Fehlinterpretation, menschliche Denkprozesse mit Prozessen in einer Maschine zu vergleichen. Der Computer ist jedoch ein Beispiel einer Maschine, die auf eine außerordentlich komplizierte Weise arbeiten kann. Wenn diese Maschine auch aus einfachen Elementen aufgebaut ist, deren Funktion man im einzelnen kennt, so übersteigen die Prozesse, die aus der Vereinigung all dieser Elemente hervorgehen, doch jedes menschliche Begreifen. Wenn man den Computer in Gang setzt, weiß niemand, welches Ergebnis er erhalten wird – man benutzt ihn nämlich genau dazu, ein ungelöstes Problem zu lösen. Daher ist es möglich, wie wir bereits im dritten Kapitel erwähnt haben, eine überraschende Ähnlichkeit zwischen den Methoden eines Computers und denen des menschlichen Gehirns bei der Behandlung eines Problems festzustellen, wenngleich natürlich signifikante Unterschiede bestehen. Während ein Mathematiker eine Rechnung durchführt, kann er plötzlich unvermittelt anfangen, eine Beethoven-Sonate zu summen oder sich zu überlegen, was er mittags essen möchte. Da ein Computer niemals auf solche Weise abgelenkt wird, rechnet er viel verläßlicher als der Mathematiker, der sich einen »Nebengedanken« erlauben kann.

Vielleicht beruht der Unterschied zwischen einer mathematischen Maschine und einem Menschengehirn hauptsächlich auf der viel größeren Verzweigtheit des letzteren. Obgleich die Bestandteile des Gehirns einfach sind, gibt es ungeheuer viele davon, und sie führen viele verschiedene Befehle aus. Zum Beispiel beschäftigt sich einer der vielen Teile mit der Lösung mathematischer Probleme (dieser Teil fehlt bei gewissen Exemplaren!). Ein anderer konzentriert sich auf das weltliche

Problem, den Lebensunterhalt zu verdienen; wieder ein anderer verbindet diese beiden Teile, so daß sie sich gegenseitig beeinflussen. Obgleich die elektrischen Impulse oder Wellen, die zwischen den verschiedenen Teilen hin und her pulsieren, den gewöhnlichen Naturgesetzen unterworfen sind, ist das Ergebnis unbegreiflich vielschichtig. Um noch ein anderes Bild zu gebrauchen: Wir können die Seele mit einem Ozean vergleichen, auf dem Wind und Ströme Wellen hervorrufen. Selbst wenn die Gesetze, die die Wellenbewegungen und die Wirkung des Windes bestimmen, bekannt sind, und selbst wenn die Konturen der Ufer und die Gestalt des Ozeanbodens vollständig und genau karthographiert wurden, gibt es noch keine Möglichkeit, im einzelnen auszurechnen, wie und wann eine Welle über einen Stein brechen wird. Wir können mit Sicherheit sagen, daß eine bestimmte Windstärke und eine bestimmte Windrichtung Wellen einer bestimmten mittleren Höhe erzeugen werden und daß die Brecher an einem bestimmten Teil des Strandes besonders gefährlich sein werden. Auf ähnliche Weise läßt sich im allgemeinen vorhersagen, wie ein bestimmtes Individuum unter bestimmten äußeren Bedingungen reagieren wird. Niemand kann jedoch exakt berechnen, wie eine Welle nach oben sprühen oder wie in einem bestimmten Augenblick die Sonne auf dem Wasser glitzern wird, nicht, weil wir die Gesetze der Wellenbewegung und der Reflexion des Lichtes nicht kennen würden, sondern einfach weil das Problem zu kompliziert ist – und das menschliche Gehirn ist mindestens so komplziert wie ein Ozean ...

Man könnte dieser Analogie mit dem Einwand begegnen, daß im menschlichen Körper atomare Prozesse viel wichtiger sind als bei einem makroskopischen Ereignis, wie der Bewegung der Wellen auf der Oberfläche eines Ozeans. Es stimmt zwar, daß im atomaren Geschehen unter Umständen wesentliche Beschränkungen gelten können für die Möglichkeit, den weiteren Ablauf des Geschehens vorherzusagen. Heisenbergs vieldiskutierte Unbestimmtheitsrelation besagt, daß es nicht möglich ist, gleichzeitig den genauen Ort und die genaue Geschwindigkeit eines Elektrons zu bestimmen, da jede durchgeführte Messung die untersuchte Größe beeinflußt. Wenn es uns also unmöglich ist, Ort und Geschwindigkeit in einem gegebenen Moment zu kennen, so ist es uns auch nicht möglich, im einzelnen auszurechnen, in welcher Weise sich das Elektron bewegen wird.

Die Unbestimmtheitsrelation ist für viele Probleme benutzt und auch mißbraucht worden, einschließlich der zeitlosen Frage nach der Freiheit des Willens. In der Physik, wo man früher dachte, daß die Genauigkeit, mit der man theoretisch ein Experiment durchführen kann, absolut sei, muß die Unbestimmtheitsrelation heute als wichtiger Faktor mit in Betracht gezogen werden. In der Biologie sind jedoch die Beobachtungsbedingungen niemals so genau definiert wie in der Physik, da jedes Phänomen, das man gerade untersucht, aus so vielen veränderlichen Bestandteilen zusammengesetzt ist. Folglich ist dieser Einwand belanglos. Die Unbestimmtheit, der wir uns als Folge der komplizierten Natur der Probleme gegenübersehen, wird in der Regel durch das von Heisenberg eingeführte Prinzip nicht nennenswert vergrößert. (Der Abschnitt über die Empfindlichkeit des Auges war ein Beispiel für einen Tatbestand, bei dem das Heisenbergsche Prinzip wichtig wird.)

Bevor die Naturwissenschaft entstand, ermöglichte die Religion eine einheitliche Weltanschauung. Das moderne wissenschaftliche Denken hat nun diese Möglichkeit ausgeschlossen. Solange man daran glaubt, daß die Seele Gott gehört und seinen Gesetzen gehorcht, während der Körper und die anderen Teile der natürlichen Welt den Naturgesetzen unterworfen sind, entsteht unausweichlich ein Zwiespalt, ein tragischer Konflikt. Der Mensch gerät mit der Natur in Konflikt, weil er behauptet, ein – wenn auch gefallener – Gott zu sein. Er will nicht zugeben, daß er so »niedere« Vorfahren hat wie die Amöbe, und er wehrt sich besonders dagegen, die Affen als Vettern anzuerkennen. Der Mensch muß diese überhebliche Haltung aufgeben, nur dann kann er die Übereinstimmung mit allem Bestehenden erlangen, die Harmonie, die das Ziel jeder Weltanschauung ist. Er muß sich als ein Teil der Natur erkennen. Er muß begreifen lernen, daß die Kohlenstoffatome, die den Ruß und die Diamanten bilden, sich mit anderen Atomen zu Protein, Urin, Amöben, Lilien oder Menschen vereinigen können; daß wir alle mehr oder weniger zufällige Anhäufungen von Atomen sind – daß wir aus dem Staub kamen und in den Staub zurückkehren werden. Nach allem stellt der Mensch ein Muster aus Elektronenwellen dar wie sämtliche anderen Dinge auch. Das soll aber nicht heißen, daß er nur eine Zusammenballung von Atomen ist. Ebensogut könnten wir ein Gemälde durch die Aussage beschreiben, daß es aus zehn Gramm gelber, zwanzig Gramm roter und dreißig Gramm grüner Farbe bestehe. Was das Gemälde zum Gemälde und vielleicht zu einem Meisterwerk macht, ist die Art, in der die Farben zueinander in Beziehung stehen. Kunst ist nicht Farbe, sondern Kombination, und es ist die Kombination der Atome und die Art und Weise ihrer Wechselwirkungen, die den lebenden Menschen ergeben.

Von Hannes und Kerstin Alfvén erschien im Suhrkamp Verlag

M 70 – Die Menschheit der siebziger Jahre. 1972.
suhrkamp taschenbuch 34

st 124 Adolf Portmann
Biologie und Geist
Vierzehn Vorträge
Mit Kunstdrucktafeln
352 Seiten
Adolf Portmann gehört zu den führenden Verhaltensforschern der Gegenwart. Für Portmann entscheidend sind einerseits Probleme der Gestaltlehre, andererseits Probleme des Soziallebens von Tier und Mensch. Sein Ansatzpunkt liegt bei der Frage, wieviel Kunstform in dem enthalten sei, was uns als Naturform erscheint. Seiner Definition nach herrschen Kunstformen dort, wo Soziales in Erscheinung tritt.

st 127 Hans Fallada
Tankred Dorst
Kleiner Mann – was nun?
Eine Revue von Tankred Dorst und Peter Zadek
ca. 200 Seiten
Tankred Dorst hat Hans Falladas 1932 erschienenen Roman »Kleiner Mann – was nun?« dramatisiert, der zu einem der größten Bucherfolge seiner Zeit wurde. In der Geschichte des kleinen Angestellten Pinneberg und der Arbeitertochter Lämmchen in den Jahren der großen Arbeitslosigkeit erkannten Hunderttausende ihre eigene Geschichte, ihren Alltag, ihre Welt. Die Dramatisierung von Tankred Dorst wurde für die Neueröffnung der Städtischen Bühnen Bochum unter der Leitung von Peter Zadek vorgenommen.

st 128 Thomas Bernhard, Das Kalkwerk
224 Seiten
In der Nacht vom 24. zum 25. Dezember erschießt Konrad seine verkrüppelte, seit Jahren an den Rollstuhl gefesselte Frau. Zwei Tage später findet ihn die Polizei halberfroren in einer ausgetrockneten Jauchegrube. Er läßt sich widerstandslos abführen. »Thomas Bernhards Welt, ist man erst einmal mit ihr in Berührung gekommen, ist ganz und gar unausweichlich.« *Peter Hamm*

st 130 Paul Reiwald, Die Gesellschaft und ihre Verbrecher
Neu herausgegeben mit Beiträgen von Herbert Jäger und Tilmann Moser
272 Seiten
In diesem Buch versucht der psychoanalytisch geschulte Strafrechtler Paul Reiwald die Frage zu beantworten: Was geht psychologisch gesehen eigentlich in Strafprozessen vor zwischen Angeklagten, Richtern, Staatsanwälten und Verteidigern? Was ist die psychologische Bedeutung von Sühne und Rache, vom öffentlichen Strafbedürfnis, von der Faszination des Kriminalromans? Die Einführung von Herbert Jäger und Tilmann Moser weist diesem hier zum ersten Mal in leicht gekürzter Form neu vorgelegten Buch seinen gebührenden Platz in der heutigen Diskussion über Kriminalität und Strafe zu.

st 131 Ödön von Horváth, Der ewige Spießer. Roman
144 Seiten
Horváth selbst hat diesen seinen ersten 1930 erschienenen Roman einen »Beitrag zur Biologie des werdenden Spießers« genannt. Der ewige Spießer hat so viele Gesichter wie die Gesellschaft Hintertüren bereithält. An diesen Hintertüren hat sich Horváth zur Beobachtung aufgestellt und belauscht seinen Helden in dem Moment, in dem er sich am sichersten fühlt.

st 132 Werner Koch, See-Leben I
128 Seiten
See-Leben I ist der Versuch, ein utopisches Leben so darzustellen, als sei es die alltäglichste Realität. Der Mann, der *See-Leben I* erzählt, ist angestellt bei einer Kölner Firma. Nach seinem Urlaub weigert er sich, in die Firma zurückzukehren; er stellt sein Büro am See auf. Funktioniert das? Man wird sehen. »Dieses schlanke Buch von Werner Koch ist listig, tückisch, scheinbar mit der sogenannten leichten Hand geschrieben und hat doch einen merkwürdigen melancholischen Tief- und Schwergang.« *Heinrich Böll*

st 133 Hans Erich Nossack, Der jüngere Bruder. Roman
Erweiterte Ausgabe. Mit einem Nachwort von Christof Schmid
336 Seiten
Der Ingenieur Stefan Schneider kehrt nach einem lang-

jährigen Exil in unwegsamen Gegenden Brasiliens nach Hamburg zurück. Er findet ein Deutschland vor, das zwar noch die Spuren der Zerstörung des Zweiten Weltkriegs trägt, im übrigen aber weiterlebt, als sei nichts geschehen. Schneiders Frau war während des Krieges auf merkwürdige Weise gestorben. Bei der Aufklärung ihres Todes stößt Schneider auf das Geheimnis eines jungen Mannes, der auf alle, die ihm begegneten, eine ungewöhnliche Wirkung ausübte. – Die Taschenbuchausgabe dieses großen Romans ist um die Kapitel *Der Gast, Im Atelier, Der Brief* erweitert. Christof Schmid geht in seinem Nachwort auf die Entstehungsgeschichte des Romans und seine Stellung im Gesamtwerk Nossacks ein.

st 134 Theodor W. Adorno, Zur Dialektik des Engagements
Aufsätze zur Literatur des 20. Jahrhunderts II
208 Seiten
Während der erste Band der *Aufsätze zur Literatur des 20. Jahrhunderts* (st 72) Adornos Auseinandersetzungen mit dem sogenannten Absurdismus dokumentierte, so sammelt der zweite Band Aufsätze zu politischen Aspekten der heutigen Literatur. Auf die programmatische Auseinandersetzung mit Sartre und seiner Konzeption einer engagierten Literatur folgt die Beschäftigung mit Valéry, gewissermaßen dem Gegenbild des »engagierten« Schriftstellers, mit der ästhetizistischen Utopie von Stefan George und Hugo von Hofmannsthal, mit der Lyrik von Rudolf Borchardt, mit dem Werk von Thomas Mann, mit dem Utopisten Aldous Huxley. Der Band schließt mit dem berühmten offenen Brief an Rolf Hochhuth.

st 135 Wer ist das eigentlich – Gott?
Essays
Herausgegeben von Hans Jürgen Schultz
304 Seiten
Die Frage »Wer ist das eigentlich – Gott?« stammt von Kurt Tucholsky. Nicht ironisch oder polemisch wird sie heute formuliert, sondern neugierig und interessiert. Die Beiträge dieses Buches wollen von verschiedenen Gesichtspunkten aus und unter Beteiligung zahlreicher namhafter Autoren eine Antwort geben.

st 137 Zivilmacht Europa – Supermacht oder Partner?
Herausgegeben von Max Kohnstamm und Wolfgang Hager. Deutsch von Ruprecht Paqué
384 Seiten
Das Brüsseler Institut der Europäischen Gemeinschaft für Hochschulstudien versucht, mit diesem Band einen Überblick über die wichtigsten außenpolitischen Probleme zu geben, denen sich die jetzt neun Mitglieder der Europäischen Gemeinschaft gegenübersehen.

st 139 Hannes Alfvén, Atome, Mensch und Universum
Aus dem Amerikanischen von Jens Peter Kaufmann
128 Seiten
Der Leser, gerade jener Leser mit wenigen oder gar keinen Kenntnissen in den Naturwissenschaften, findet hier eine ausgezeichnete und fundierte erste Einführung in Entwicklung, Probleme und Argumentation naturwissenschaftlichen Denkens.

st 142 Magda Szabó, I. Moses 22. Roman
Aus dem Ungarischen von Henriette Schade und Géza Engl
224 Seiten
Magda Szabó hat dem Verhältnis zwischen den Generationen in ihrem Buch die Unmittelbarkeit der gelebten Wirklichkeit gegeben: in Ungarn, im Budapest des Jahres 1966. Die Gáls, Apothekenbesitzer, nach dem Krieg enteignet, gehören jetzt zu den »Gezeichneten«. Die Bartos, ehemals biedere Handwerker, haben jetzt ein Dienstauto, sie sind Stützen der Gesellschaft geworden. Für die Kinder beider macht das keinen Unterschied. Über die Köpfe der Eltern hinweg sind sie Freunde geworden; sie haben dasselbe Problem: gegängelt und doch sich selbst überlassen neben den Eltern zu leben. Die Welt der Eltern ist ihnen gleichgültig geworden, eine Scheinwelt, die sie nicht mehr betrifft, ja, mit der auseinanderzusetzen sich kaum lohnt.

st 150 Zur Aktualität Walter Benjamins
Aus Anlaß des 80. Geburtstags von Walter Benjamin herausgegeben von Siegfried Unseld
288 Seiten
Der vorliegende Band »Zur Aktualität Walter Benjamins« nimmt wichtige, hier erstmals publizierte Ab-

handlungen auf, die aus diesem Anlaß geschrieben worden sind, und Texte von Walter Benjamin, seine »Lehre vom Ähnlichen«, eine umfangreiche Variante der Arbeit »Über das mimetische Vermögen«, den autobiographisch bedeutenden Text »Agesilaus Santander«, den Briefwechsel mit Bertolt Brecht und drei Lebensläufe, deren letzter kurz vor seinem Tod geschrieben wurde.

st 151 Hermann Broch
Barbara und andere Novellen
384 Seiten
Dieser Band legt eine Sammlung von 13 Novellen vor, die besten aus Brochs Gesamtwerk. Die früheste, *Eine methodologische Novelle,* wurde 1917 geschrieben, die späteste, *Die Erzählung der Magd Zerline,* 1949. Die Besonderheit dieser Sammlung besteht in der erstmaligen Präsentation aller vorhandenen Tierkreisnovellen in ihrer Ursprungsfassung.

Alphabetisches Gesamtverzeichnis der suhrkamp taschenbücher